理解

·

现实

·

困惑

轻度
PSYCHOLOGY

在叙事与幸福科学里
成为最好的自己

积极的自我

POSITIVE IDENTITIES

NARRATIVE PRACTICES
AND POSITIVE PSYCHOLOGY

[美] 玛格丽塔·塔拉戈娜 (Margarita Tarragona) / 著

安妮 (Annie R. Liu) / 主编　　　安妮 (Annie R. Liu) / 译

中国纺织出版社有限公司

让积极心理学好用起来的幸福课

心理工作者、教师与家长必备的工具包

樊富珉 / 文

积极心理学是一门研究人类幸福与优势的科学，它既是一门基础科学，也是一门应用科学。积极心理干预（Positive Psychology Intervention，PPI）也称幸福干预，是一系列以积极心理学理论为依据、以提升幸福感为目的，促进改变和成长的策略、方法和行动。积极心理干预的实施路径可以是个体干预，也可以是家庭干预、团体干预、课堂干预、社区干预等。积极心理干预不仅可以让本来就健康的个人通过干预练习变得更加幸福，还可以在整个心理健康的领域起到预防心理问题的作用，产生"上医治未病"的效果。

积极心理干预在促进身心健康，增强积极认知、积极情绪、积极行为和积极关系，提升成就和幸福感方面的效果已经被大量实证研究所证明。

- 一项对 51 个积极心理干预研究的元分析发现，积极心理干预可以有效地减轻抑郁症状，增加幸福感（Sin & Lyubomirsky, 2009）；

- 积极心理学创始人塞利格曼教授等人的研究也发现，提供一些积极心理干预可以持久地增加人们的幸福感并减少抑郁症状（Seligman et al., 2006）；

- 积极心理干预还有疗愈作用，如识别和运用品格优势的干预可以增强心理韧性，帮助人们从创伤中恢复（Hamby et al., 2018）；

- 积极心理干预对成就也有促进作用，比如一项对高中生的研究发现，积极心理干预通过增强学生的学习动机，提高了他们的学习成绩（Muro et al., 2018）。

最近二十多年，我国陆续翻译和引进了不少积极心理学的著作，也有本土的心理学家出版了多本积极心理学相关书籍，为向大众普及积极心理学、推广积极心理学发挥了积极作用。但总体上看，专门介绍积极心理干预的原理和方法，且以实践练习为主的书籍尚付阙如。我和我的团队十多年来致力于积极心理团体辅导的研究，积累了不少经验，发表了不少论文，但也还没有成书。看到由安妮主编和组织翻译的"积极心理干预书系"的出版，我的眼前一亮，有一种及时雨的感觉。无论是对于专业的心理学工作者，还是对于学校教师、家长，以及寻求成长的个人，书中介绍的提升积极认知、积极情绪、积极行动的方法，以及各种增进身心健康和幸福的策略都是深为社会所需要的。

基于我对这套书的认识和了解，以及作为一名国内积极心理干预的推动者和实践者，我非常愿意向心理咨询师、精神科医生、企业培训师、个人成长教练、学校教师、社会工作者、家长，以及每一位希望预防和减轻焦虑和抑郁、提升生活满意度和幸福感的人推荐这套书，相信这套书中介绍的理论和方法能够让我们的生活更美好、人生更丰盛、社会更和谐！

樊富珉　教授

北京师范大学心理学部临床与咨询心理学院院长

教育部普通高等学校学生心理健康教育专家指导委员会委员

中国心理学会积极心理学专业委员会副主任

清华大学心理学系副主任，博士生导师（荣休）

清华大学社会科学学院积极心理学研究中心主任（荣休）

从积极心理学理论到积极心理干预

孙沛 / 文

非常高兴安妮主编并领衔翻译的"积极心理干预书系"问世，我也很高兴借此机会，写下我对积极心理学的一些看法和对积极心理干预实践的期待。

一、时代需要科学的积极心理干预

每年的 3 月 20 日是国际幸福日。我们看到，无论地区与文化差异，人们都把幸福作为人生追求的终极目标，人人都想拥有一个幸福的人生。但在实际的学习、工作和生活中，很多人并不知道幸福是什么以及如何获得幸福。中国科学院心理研究所 2023 年发布的《2022 年国民心理健康调查报告》显示，中国人抑郁风险的检出率为 10.6%，焦虑风险的检出率为 15.8%，而 18~24 岁青年抑郁风险的检出率则高达 24.1%。如何治疗人们已经存在的心理问题，预防心理问题的进一步发生，提高全民心理健康水平，是我们亟待解决的重大社会问题。

积极心理学是一门关于幸福的科学，以科学的理论和方法来研究人类积极的心理力量，这些心理力量包括乐观、善良、感恩、热忱、和谐、自律、意义、创造等，如果我们能将所有这些力量挖掘出来并积极运用，每一个个体、每一个家庭和组织，甚至整个社会都将更加繁荣昌盛、快乐幸福。

积极心理学也是一门注重幸福实践的科学。我们不仅需要从事积极心理学的理论研究，还需要研发一系列实用的方法，以此来预防和解决不同个体和组织面临的具体问题。因此，积极心理学从诞生开始就将科学理论和具体实践紧密结合，发展出了多种积极心理干预方法，在心理测评、个人成长、儿童青少年优势培养、组织培训以及抑郁症治疗等领域，都取得了明显的成效，得到了心理学界和社会大众的广泛认可。

在积极心理学诞生前，鲜有经过科学验证的提升幸福感的干预方法。进入 21 世纪后，伴随积极心理学的蓬勃发展，已经出现了数百种积极心理干预方法。本书系重点介绍了那些经过科学验证的积极心理干预方法，相信能够对大家的生活和工作有所助益。

二、积极心理干预的开创之作

所有的个人、家庭和组织机构都面临着一些不可回避的问题：美好的人生、幸福的家庭、积极的组织是什么样的？如何才能提升我们获得健康、快乐、成功和意义的能力？是什么帮助个人和组织蓬勃发展并发挥最大潜能？

"积极心理干预书系"从不同的角度回答了上述问题。我认为本书系有以下几个鲜明的特点。

第一，内容全面。主题包括积极自我、积极情绪、积极动机、积极关系、积极正念、乐观、希望、福流、品格优势与美德等。作为一套积极心理干预的开创之作，本书系涵盖了心理学中的知、情、意、行等主要领域。

第二，有道有术。一方面，这套书虽然是实践手册，但高屋建瓴，对每一种主要的干预方法都用简明的语言介绍了背后的科学原理和已有的研究结论，让读者知其然，也知其所以然，正如中国古人所言："有道无术，术尚可求；有术无道，止于术。"另一方面，本书系的重点不在于阐述理论，而是介绍了众多实用的积极心理干预方法和工具，因此可以说，本书系是既有道、又有术，由于"术"是建立在科学的"道"的基础上的，所以读者们能够举一反三、活学活用。

第三，知行合一。积极心理干预的特点决定了它是以行动和实践为导向的，就是从知到行、知行合一，最后落实到让读者从实际生活中获益。本书系架起了学术与实践的桥梁，将心理学界最新的研究成果与真实世界的具体问题相关联，并指导读者在自己的生活中思考和运用这些基于证据的方法。为了强化实践与行动，每本书都包含了很多的思考、练习和行动指南。

第四，应用广泛。积极心理干预非常适合心理学专业人士，这些理念和方法可以提升非临床服务对象的积极状态以及多方面的能力。目前，积极心理干预也越来越多地应用于临床环境，比如作为治疗精神疾病的辅助干预措施并取得了显著的效果；积极心理干预也可以很方便地被企事业单位所采用，以此来建立积极的组织并提升业绩；本书系也适合个人成长的需求，每一个寻求发展的人都可以从中学到很多提升身心健康水平与收获成功的具体技巧；当然，家长和老师们也完全可以用这些工具来帮助自己的孩子和学生。

三、名家云集的大成之作

本书系是国际上最早的一套积极心理学实用学习手册，也是迄今为止唯一一套系统介绍积极心理干预方法的书籍。

中文版主编和主要译者安妮也是一位资深的积极心理学者。安妮在哈佛大学受过严格的传统心理学训练，此后又在宾夕法尼亚大学学习积极心理学，师从积极心理学的创始人马丁·塞利格曼教授。从 2012 年起，安妮就在中国推广积极心理学，是最早在社会上进行大规模积极心理学培训的学者之一，主题涵盖个人成长、积极教育、积极父母、积极组织等，为积极心理学在中国的普及和发展作出了突出的贡献。此外，在清华大学积极心理学指导师项目尚处于雏形时，安妮便参与课程设计并担任主讲教师，目前这个项目已成为清华大学社会科学学院积极心理学推广的著名品牌。除此之外，安妮还是一位笔耕不辍的作者和译者，原创、主编和翻译的心理学著作已有 10 余本。现在我很欣慰地看到她主编并领衔翻译的"积极心理干预书系"问世，相信这套书能够为中国的积极心理干预作出开拓性的贡献。

综上，我认为本书系是一套科学、实用，而且可读性很强的工具书。我很高兴安妮为读者们奉献了这样一套高质量的书籍。让我们一起努力，每个人都发挥出自己的品格优势，让自己的人生更加丰富多彩、让家庭更加幸福、让社会更加和谐进步。

孙沛

清华大学心理学系副教授，博士生导师

清华大学社会科学学院积极心理学研究中心主任

积极心理学，重在行动

赵昱鲲 / 文

祝贺安妮主编并领衔翻译的"积极心理干预书系"出版！

安妮和我是宾夕法尼亚大学应用积极心理学硕士的同门。这个项目是由"积极心理学之父"马丁·塞利格曼创建的，英文叫 Master of Applied Positive Psychology，简称 MAPP。我还记得我们班毕业时，塞利格曼问我们："M、A、P、P，这 4 个字母，哪一个最重要？"

大家都回答说："第一个 P，Positive，也就是积极，最重要！"

因为我们都知道，塞利格曼发起"积极心理学运动"，初衷就是为了平衡传统心理学过于重视负面、过多强调治疗的倾向，因此提出也需要看到人类的正面心理，也需要用严谨的科学方法研究如何帮助人度过更加蓬勃、充实的一生。那么，"积极"当然就应该是我们这些应用积极心理学硕士们最需要记住的关键词。

但是塞利格曼说："不对，应该是 A，Applied，应用。"

为什么呢？他解释说：积极心理学是一门科学，因此必须有严谨的科学研究做支撑。但是，积极心理学不同于其他学科的是，它与每个人的生活都紧密相连。因此，仅仅发表学术论文是不够的，更重要的是把它应用出去，让每个人都能从中获益。

所以，他经常说："积极心理学，至少有一半是在脖子以下。"也就是说，积极心理学要以行动为主。

无独有偶，积极心理学的奠基人之一克里斯托弗·彼得森也在他编写的世界上第一本积极心理学教材里说："积极心理学不是一项观赏运动。"他在来宾夕法尼亚大学给我们应用积极心理学硕士授课时解释说，积极心理学并不是让大家拿来阅读、欣赏的，而是要靠大家亲自下场，在自己身上实践的。

安妮主编的这一套书正体现了老师们的这一精神。安妮在哈佛大学获得了心理学硕士学位，学习期间受到积极心理学的感召，又到宾夕法尼亚大学完成了应用积极心理学的硕士学位，过去十几年，她在从事学术研究的同时，始终把重心放在实践上。

这一点在中国也特别重要。由于"积极心理学"这个名字听上去和心灵鸡汤、成功学太像，甚至一些人在宣讲积极心理学时也会有意无意地向心灵鸡汤、成功学靠拢，或者有些心灵鸡汤、成功学领域的人给自己套上积极心理学的包装，因此，确实很多人对积极心理学有很大的误解，觉得积极心理学就是忽悠，就是给人打鸡血，其实没有什么用。

因此，"积极心理干预书系"的出版就特别有必要。这个系列涵盖了积极心理学常用的主要干预方法。作者都是在该领域中深耕多年的专家，内容既有理论深度，值得读者思考，又饶有趣味，中间还有很多个人故事和用户案例，可读性很强。当然，最重要的是，它们提出了针对人生各个方面的可以操作的方法，共同构成了一套拿来就可以用的积极心理干预体系。这套书出版过程中，安妮带领团队几易其稿，精心翻译和编辑，使其没有译著常见的语言磕磕绊绊甚至难以理解的现象，让读者有良好的阅读体验。此外，安妮还为每本书的每一周都撰写了导读，将书籍内容深化、通俗化、中国化、落地化，更加贴近中国读者需求。"积极心理干预书系"今后还会有更多优秀的书籍充实进来，相信这个书系会成为一个响亮的品牌，为中国积极心理学的推广作出贡献。

所以，我也很高兴在这里推荐这个书系，希望大家可以把这套书拿去，用在自己身上、用在其他人身上。相信这套书将帮助我们共同提升人类福祉，建设一个更美好的世界。

赵昱鲲

清华大学社会科学学院积极心理学研究中心副主任

人人都可获益的幸福实践课

安妮（Annie R. Liu）/ 文

为什么在众多心理学和积极心理学的书籍中，我们需要这套"积极心理干预书系"？

最近二十多年，中国掀起了积极心理学的热潮。但也有人对积极心理学持保留态度，认为积极心理学不实用，不能解决已经出现的问题。如果你对积极心理学持有这种看法，那你更需要阅读这套书，因为积极心理干预就是预防和解决问题的一套实用方法。

一、什么是积极心理干预

积极心理干预的英文是 Positive Psychology Interventions, 简称 PPI。到目前为止，并没有一个"唯一"的对积极心理干预的定义。帕克和比斯瓦斯–迪纳将积极心理干预定义为"一种成功地增加了一些积极变量的活动，并能够合理且合乎伦理地应用于任何情境中"（Parks & Biswas-Diener, 2013）。他们认为，积极心理干预要有 3 个特征：第一，关注积极的话题；第二，以积极的机制来运作，或以积极的结果变量为目标；第三，旨在促进福祉，而非修复弱点。辛和柳博米尔斯基指出，积极心理干预"旨在培养积极的情绪、积极的行为或积极的认知"（Sin & Lyubomirski, 2009）。纳维尔则认为，积极心理干预是基于理论和证据的技术或活动，旨在积极地改变个人、团体或组织成员的思想、情绪和行为，以提高他们的快乐和幸福水平（Nevill, 2014）。

综合学者们的定义，我为积极心理干预做了一个操作化的定义：积极心理干预是一些基于科学理论和证据而有目的地设计和实施的方法与活动，旨在促进个人、群体或组织在认知、情绪与行为等方面发生积极的改变，以提升人的身心健康、生活质量与幸福感。

二、积极心理学的新范式：从理论到干预

从积极心理学到积极心理干预，是一个从理论到实践的范式转变。有哪些干预方法是科学的、有效的，如何在实践中进行可行并有效的操作，这是全世界的积极心理学人正在探索的课题，也是中国心理学界需要回答的问题。

目前，世界各国的心理和精神健康从业人员、教练和培训师们都在大量地运用积极心理干预。比如在美国，心理学家、心理咨询师、心理治疗师以及临床社会工作者们，都在运用积极心理干预帮助人们提升心理状态和生活质量；生活和职场教练们更是以积极心理学为理论和技术背景，帮助人们在生活或职场中取得成功；在组织和管理领域，无论是

建立积极学校、幸福企业，还是培训政府机构、军队、运动队，人们都在大量运用各种积极心理干预方法；精神科医生、心理健康执业护士以及其他领域的健康工作者们也在采用积极心理干预治疗病人；在其他致力于提升身心健康、生活质量和幸福感的领域，比如家庭、社区组织、养老机构、孩子的校外活动等，人们也都在运用积极心理干预。

因此，积极心理干预不仅具备前沿性和社会需求性，也能引领职业发展。如果你的职业与上述任何领域相关，这套书籍和课程应该能够强化你的知识、提升你的技能，让你保持在职业发展的前沿状态。当然，从理论到干预方法的范式转变仅靠一套图书显然是远远不够的。不过这是一个良好的开端，我们希望这套书不仅能够普及积极心理干预的知识，也能作为一套课程搭建起中国积极心理干预的培训体系。

三、为什么积极心理干预适用于每个人

1. 科学、循证：对别人有效，对你同样有效

与随意想出的"成功的四大原则""幸福的五个方法"之类的自助教程不同，"积极心理干预书系"中的方法基本上均来自科学的循证研究，研究过程和结果通常可以被其他人复制和验证，也就是说，如果这些干预的步骤和方法对别人有效，对你所在的人群也应该是有效的。书系介绍的干预策略、方法、活动和练习都是有科学依据的，因此是值得信赖的。

2. 应用更广泛：面向大众和日常生活，亦可作为临床治疗的补充

所谓干预，就是非自然的、有意进行的、希望带来改变的行为。比如，孩子如野草般自然成长不叫干预，送他们到学校学知识和文化、对他们的攻击性行为进行批评教育时，才是实施了干预。

积极心理干预就是有目的地设计和实施的、旨在给个人和团体带来积极改变的实用方法。从这个角度来看，积极心理干预包括了积极的教育、辅导、咨询以及治疗。也就是说，积极心理干预既包括对非临床的"正常人"的教育和辅导，也包括对出现了一定心理困扰的人的咨询，还包括对已经出现了心理问题的群体的积极心理治疗。

本书系主要是针对非临床人员以及有一些心理困扰者的教育、辅导和咨询。这套书主要帮助大众在日常生活中进行自我提升，以及帮助"正常人"和亚健康人群在出现问题和处于情绪低潮期时进行心理调整。当然，对于需要医疗介入的临床人员，也可以将本书系中的方法作为心理治疗的补充。本书系还有另一本书《生活质量疗法》，其中的理论和方法则既适用于非临床人员的辅导和咨询，也可对临床人员进行积极心理治疗，是积极心理干预的另一条新路径。

3. 适用于多种情境：可运用于个人、群体或组织

积极心理学是使个人和团体蓬勃发展的关于优势与幸福的科学。积极心理学最初关注的就是三个核心问题：积极的情绪、积极的个人特质和积极的组织（Seligman, 2002），前两者是有关个人的，后者是有关组

织的。同样，积极心理干预既可以用于个人，可以用于家庭、社群等群体，也可以用于学校、企事业单位等组织机构，具体的实施情境可以是个人成长、身心健康、家庭关系、夫妻关系、亲子关系、学校建设、企业和组织机构建设，以及社区建设等。

本书系适用于与上述各种情境相关的人群，例如：

- 心理咨询师、辅导师、培训师、教练、心理医生等专业的助人者；

- 教师、家长、管理者等需要教育、管理和指导他人的人；

- 追求身心健康、个人成长与幸福的人士。

4. 积极正面的导向：旨在提升幸福，而非修复弱点

积极心理干预更多地聚焦在积极的方面并带来正向的成长，而不是聚焦在消极方面，仅仅修复弱点和减少问题。"去除负面"和"提升正面"是既有联系又相对独立的过程。消除了心理疾病，不见得就拥有了健康有活力的身心状态；改正了缺点，不等于就自动拥有了长处和美德；减少了问题，不意味着拥有了幸福感。

本次出版的5本书，着力点不在于治疗疾病和改变缺点，而是提升个人、群体与组织的身心健康、生活质量和幸福感。比如，《快乐有方法》通过12个积极干预策略来提高人的积极情绪和幸福感；《积极的自我》通过叙事疗法帮助人们理解与提升自我，从而变得更自信、充实；《积极的动机》通过帮助人们建立积极的、自我协调的内在动机，充满活力地

投入生活，获得成功和幸福;《积极的正念》则分享感受世界的正念方法以及一系列身心调节的技术，让身心变得更健康、生活更有质量、幸福感更强。因此，无论你目前处在什么样的状态，只要你希望获得正向的成长，只要你是一个追求身心健康、生活质量和幸福感的人，这套书都适合你。

5. 简约可行，随时随地可学可用：为期 6 周的幸福提升课

本书系虽然由名家撰写，却不是故作高深之作，也不是知识高度浓缩的心理学教科书，而是一套高质量的"幸福提升课程"。本书系中的理论部分讲得"简约而清淡"，很容易理解和消化，更侧重方法的介绍和实践的引领。读者们在书中会看到大量的方法和练习，可以学到很多具体的"怎么办"。重点是，这些方法实操性很强，随时随地都可以用起来。

本书系中的 5 本书，每一本书都是 6 堂课，咨询师、辅导师、培训师等专业人士可以直接将这些课程转化为培训内容和教材；管理者可以将这些课程作为企业文化建设或者组织团建的内容；教师几乎可以直接将本书作为讲义，加上贴合自己学生情况的案例即可；家长们也可以用这些课程辅导自己的孩子，并跟孩子一起成长；当然，每一个追求成长的个人都可以将这套书作为自助练习，循序渐进地自我提升。如果每周认真学习一堂课，那么 6 周之后、30 周之后，您或您的客户、来访者、员工、学生或孩子，将会发生明显的积极改变。

四、幸福的遇见与分享

我在哈佛读研究生时，通过选修泰勒·本－沙哈尔（Tal Ben-Shahar）的积极心理学课（著名的"哈佛幸福课"）而了解了马丁·塞利格曼（Martin Seligman）、埃德·迪纳（Ed Diner）、索尼娅·柳博米尔斯基（Sonja Lyubomirsky）等积极心理学大师，并受到他们的感召而赴积极心理学的大本营宾夕法尼亚大学修读应用积极心理学硕士。本书的多位作者都是我经常在积极心理学课堂和会议中遇见的学者，后来我得知罗伯特·比斯瓦斯－迪纳（Robert Biswas-Diener）组织出版了这套书，于是非常欣喜地将这套书（也是全球唯一的一套积极心理学工作手册）引进中国。

我非常珍惜这套书。在这套书的翻译过程中，我和翻译团队先后四易其稿。在出版之前，编辑们对本套书又进行了细致的校对和编辑。翻译是无止境的，由于水平所限，本书一定存在不足之处，但希望读者们能够感受到我们在"信、达、雅"方面所做的努力。

在编辑此书的过程中，我们也努力做到用心。文中的每一个典故我们都去认真查证；特别不符合国情之处，我们在不影响原意的情况下，进行了少量的删改；鉴于积极心理学的发展日新月异，一些已经过时的信息，包括作者的信息，我们都进行了更新；除此之外，在每本书的每周开头，我都撰写了主编导读，目的是：

- 帮助读者更加了解作者及本书创作的背景；

- 补充最新的知识，保持这套书的前沿性；

- 从更广泛的意义上解读某些概念、理论或方法，让读者能够超越某一周的内容，在更大的背景中理解知识，获得整体感；

- 联系社会现实，对接中国文化，比如将书中的内容与攀比、焦虑、内卷、躺平等当下热议的话题相关联；

- 澄清可能的模糊之处，或以更加符合中国人思维的方式来解读那些可能会让读者感到困惑的重要理论或方法。

由于本人水平有限，加之时间紧迫，导读中有任何不妥或不准确之处，敬请各位同行及读者批评指正。

先后带领几班人马数度翻译和修订这套书，对我的坚毅力是一种考验；出版之前，在诸多生活事件发生的同时，我需要在较短的时间内完成书籍的再次校对并撰写导读，这对我的心理韧性也构成了挑战。不过，这套书助力我在压力下保持积极乐观的心态，我也深深地享受阅读和修订这套书的过程。希望你和我一样享受这套书，从阅读和实践中学到让自己的人生充实和幸福的方法，并亲身体验到积极心理学和积极心理干预带给你的精神力量。

安妮（Annie R. Liu）

哈佛大学心理学硕士，宾夕法尼亚大学应用积极心理学硕士

师从积极心理学创始人马丁·塞利格曼

积极心理学教育研究院副院长

邮箱：yxxy_edu@163.com

目 录　CONTENTS

POSITIVE
IDENTITIES

第 1 周

你的故事，你的自我

主编导读

这个世界与我们相处最久的人、时时刻刻陪伴我们的人，就是自己。很多的心理问题，都与我们如何看待和感受自我有关，比如说，对自我的消极看法已被证明与抑郁相关，焦虑往往与自卑和认为自己缺乏应对压力的能力有关，而当代普遍存在的社会攀比，说到底也是对自己没有信心，把别人当作标准来界定自我。

那么，你对自己满意吗？他人的评价怎样影响你对自我的看法？你想成为怎样的自己？你心中最理想的自己是什么样子的？

这些问题听起来很抽象、很难回答，但是作者给我们提供了一个具象且可操作的角度，那就是叙事。

人类是会讲故事的生物，我们喜欢小说和电影，喜欢回忆美好的时光，喜欢讲述生活和工作中的故事，偶尔也聊八卦，孩子们更是故事迷，每天都渴望听到生动的故事。故事是我们理解自己每一天的生活、理解我们所存在的世界以及最终理解我们自己的方式。

本书作者玛格丽塔·塔拉戈娜（Margarita Tarragona）就是一位讲故事的高手。塔拉戈娜女士是美国芝加哥大学的心理学博士，一位叙事疗法与积极心理学专家，拥有超过 25 年的教学和治疗经验以及 10 多年的教练经验。塔拉戈娜博士定期在学术出版物和大众媒体上发表文章，在众多学校、机构和媒体开设积极心理学讲座和课程，包括在宾夕法尼亚大学在线应用积极心理学项目中教授 3 门课程：《积极心理学导论》《人类的繁荣：力量与韧性》《与他人共同繁荣：建立繁荣的关系》。

在本书中，塔拉戈娜将积极心理学关于个人和机构蓬勃发展的科学发现与叙事疗法相结合，在与读者互动的过程中进行合作对话，帮助读者扩展其生活故事，丰富自我。

在读者们深入阅读和学习本书之前，需要在此澄清几个概念。

叙事实践（narrative practices）也称叙事疗法（narrative therapy），作者在这里用"实践"而非"疗法"一词，是扩大其内涵，指其既可用于临床治疗，又可用于一般人的自我提升。在本书中，有时我们将叙事的工作（narrative work）、叙事的角度（narrative approach）等词汇根据上下文翻译成"叙事法"。

在本书中，作者穿插使用"合作"（collaborative）和"对话"（dialogical），将它们作为同义词，并强调这两个概念都是叙事法的基础。中国心理学界通常将"合作"和"对话"放在一起，称为"合作对话疗法"。

本书的特点若用一个简单的公式表示，那就是：叙事疗法＋积极心理学⇒积极的自我。请不要被"自我""叙事""心理学"这些令人望而生畏的词汇吓住。当你翻开书页，你就会发现，这是一本非常有料、有趣且简单可操作的积极心理干预手册兼个人成长工具书，每一周都写得通俗易懂，很多练习甚至有趣得像游戏一样。

我向所有想了解积极心理学、个人成长，或想创建最佳自我的人推荐这本书。本书是送给你的家人、朋友、同事和客户的完美礼物！

在电影《电子情书》（*You've Got Mail*）里，乔问凯瑟琳："你有没有觉得你已经成为最糟糕版本的自己？"这是我最喜欢的电影之一。两个主角是生意上的竞争对手，彼此不喜欢，在不知道对方真实身份的情况下，开始了电子邮件通信。随着交流的深入，他们了解到对方的另一面。（如果你已经看了电影，就知道他们最后相爱了。我是一个浪漫喜剧爱好者。）

"成为最糟糕版本的自己"这句话震撼了我，并在我脑海里留驻多年。作为一名心理治疗师和人生教练，我喜欢"成为"这个词具有的变化性，喜欢"版本"的概念，以及可能成为不同版本的自己的这种可能性。我喜欢古典音乐，贝多芬的《第九交响曲》始终是《第九交响曲》，它有固定的音符，需要特定的乐器演奏，它听起来永远不会像莫扎特的《小夜曲》或披头士的《我想握住你的手》。但是，尽管如此，我们仍不能说，贝多芬的《第九交响曲》听起来只有一个曲调。贝多芬的《第九交响曲》可以听起来非常不同，这取决于乐团里由谁来演奏、谁当指挥。一首音乐有足够的空间留给各种创造性的表达，如节奏、情绪和声调的处理，这些使这支交响曲可以有颇为不同的演奏方式。

同样的道理也适用于人。"版本"的概念非常符合当代心理学有关自我认同的思考：自我不是只有一个，而是有多个版本。我们可以作出选择，表现或展露自己的不同方面以及"我是谁"的不同版本。这一"可能性"的感觉在成长和转型的过程中非常有用，如同你现在就要着手去做的。

这本书是一封请帖，邀请你来探讨不同版本的自己，由你来选择哪种版本更接近于你的梦想、价值和承诺，以及你想要有的人际关系和你愿意存在的方式。积极心理学与叙事实践，是本书的两个丰富的知识来源。接下来我会告诉你一些相关的内容。

积极心理学

积极心理学是一门用科学的方法研究幸福的学问，其研究内容包括确认那些使个人和社区发挥最佳功能的因素，以及是什么使我们能过上更快乐和更有意义的生活。积极心理学领域的研究人员正在研究一些令人着迷的课题，比如积极情绪、乐观、感恩、创新、幽默、目标设定和成就、精神成长、最佳体验或"福流"体验、价值和品格优势以及超越和韧性。这就是为什么这个领域最优秀的专家之一克里斯托弗·彼得森（Christopher Peterson）将积极心理学定义为——积极心理学是研究"什么使生命值得活下去"的科学。

叙事实践与合作实践

"叙事"和"合作"使用特殊的方式与他人沟通和对话,这种方法对作为心理教练、治疗师和咨询顾问的我的工作有很重要的影响。它们在哲学的层面上指导着我与来访者(客户)之间的关系,也引导着我写这本书的角度,因为尽管我与读者没有面对面地交谈,但我们可以通过这本书来进行交流。

叙事实践(narrative practice)基于这样的一个理念:我们的"故事"在我们的生活中发挥着十分重要的作用。叙事实践的一个核心前提是,我们讲述自己经历的方式,对我们如何感受和思考、如何看待自己和自己的人际关系以及我们如何与他人相关联,都有着重要的影响。

合作(collaborative)❶方法基于的前提是,我们通过语言赋予自己的世界以意义,而且通过与他人的交谈和对话,我们还能产生出新的意义和可能性。

叙事与合作方法认为:我们思考和谈论自己经历的方式,既可以使问题变得更严重,也可以帮助我们思考新的可能性。当我们以特定的方式谈话时,我们可以发现解决方案,并发展出新的人生故事和自我身份。

在本书中,我们将汇集两类专家和两套知识。一方面,我将与大家

---

❶ 在本书中,我交叉使用"合作"和"对话",将它们作为同义词,因为这两个概念都是叙事法的基础。

分享一些积极心理学领域最出色的专家在幸福、快乐和人类繁荣方面的研究成果。他们的研究一般运用科学的统计方法，很多研究都基于非常大的人群样本，因此，其结果是适用于我们大多数人的。

不过统计数据虽然可以告诉我们很多关于大群体的情况，但不能预测特定个人的特殊性。举例来说，如果研究表明，在一般情况下，结婚的人往往更快乐，这并不意味着，你不结婚，你就不会快乐。因此，请你用开放和探究的心态对待所有的研究结果，并考虑这些研究是否以及如何与你自己的生活相关联。

另一方面，这本书里的另外一位专家则是——你！你是自己人生的专家 ❶。通过书中不同的练习和反思，我希望你能开启自己的智慧，思考是什么促成了你的幸福以及你希望的存在方式。

叙事与合作方法的一个特点是，它强调并询问人们在生活中好的方面，对来访者（客户）认为重要和有价值的东西给予优先考虑。

叙事实践探索人的目的、价值、梦想、希望、承诺，以及在遇到问题和麻烦时，人们能发挥影响的时刻。在合作对话方面，看到语言的灵活性和改变人的可能性，让我们对自己的工作充满了希望，也让我们"欣赏人的韧性，看到每个人都有贡献和潜能，都会朝着更健康和更成功的生活与关系努力"。汤姆·安德森（Tom Anderson）提到，合作对话强

---

❶ 合作对话方法的一个口号是"来访者（客户）是专家"，意思是说，没有人比你自己更了解你的生活。

调的希望与积极心理学的主旨很相似，它们比以强调缺陷为基础的心理学更有前途。

积极心理学和叙事实践的另一个相似点，是强调个人的能动性。积极心理学的一个中心概念是，人有作出选择和按自己意愿行动的能力。在叙事实践中，迈克尔·怀特（Michael White）和戴维·艾普斯顿（David Epston）经常用到的比喻是："在自己的人生之旅中，坐在驾驶员的座位上。"

"由过去推动"还是"被未来拉动"

一些有影响力的传统心理学理论指出，人们的行为通常是无意识冲动的结果，并受无法控制的力量所驱使。这些看法强调，童年的经历强烈地影响了成年后的行为。马丁·塞利格曼博士（Martin Seligman）认为，没有有力的证据来支持这一观点，人们不是过往经历的囚徒，相反，人可以作出选择。积极心理学受另一种心理学和哲学传统的启发，这一传统强调，人的意志和目的是行为的动力。由此，塞利格曼将积极心理学定义为：积极心理学是一门研究人们作出怎样的自由选择的学问。

在第一届国际积极心理学大会（Positive Psychology World Congress）的闭幕式上，塞利格曼博士致辞说："20 世纪心理学存在的问题是，认为人是由过去推动的，而不是被未来拉动的。"

积极心理学的研究已经为"什么因素影响了我们的幸福"提供了大量的科学依据，还提供了大量帮助我们提升幸福的工具。叙事和合作实践提供了与自己和他人对话的有效方法，可以探索我们的价值、技能、承诺和梦想，使我们更加接近理想的自己。总之，我相信，这两个领域可以帮助你，经由未来的拉动，成为"最好版本的自己"。

使用本书的建议

你听过一种说法吗："告诉我，我忘记了；教导我，我记住了；让我参与，我学会了。"我的意图是让你尽量地参与，我希望你积极地参与与本书、自己以及他人的对话。当你这么做的时候，我希望你能发现、恢复并强化有重大意义的故事，以及这些故事对你来说具有的新的可能性。这本书（也是练习册）邀请你每周进行写作和对话，部分练习已经写好并刊印出来，但最重要的部分还空着。通过完成这些练习，你将和作者共同完成这本具有你个人特色的书。这本书是让你带回家的，让你能在第一时间记录下那些闪现的想法。

写作对我们有重要的益处。得克萨斯大学奥斯汀分校的心理学家詹姆斯·潘尼贝克博士（James Pennebaker）在过去 30 多年间对写作进行了很多研究。其研究显示，写作可以帮助人们战胜创伤、厘清自己的想法，让人们更容易获取和保存新的信息、更好地解决问题，甚至能提升人的健康和免疫功能。

美国密苏里大学的劳拉·金（Laura King）及其研究团队也从事了有关写作益处的研究。他们发现，描绘"最好的自己"可以让人们更加充满希望并积极地投入生活。他们还发现，写下自己目标的那些人，更有可能实现这些目标。

我希望这些研究结果能鼓励你在本书中写出你的想法。不要担心你的写作水平、语法、书法或拼写等。此书是你自己的，你可以自由地进入自己真实的想法和感受的世界。

每一周最后还有"对话练习"，请你就本书里的一个话题与某个人进行交谈，其目的是让你在对思想和对他人的好奇心的驱使下，参与一场有意义的谈话。试想自己是一名记者或研究人员，你正试图尽可能多地了解你对话伙伴的观点。请把对方看成共同探索的伙伴。根据我的经验，要有一场有收效的对话，需做到3点：**不要论断、不要批评、不要提供建议**。你要做的，就是对别人所说的内容给予真正的关注、保持兴趣。

正如其名称所指，练习册是用来做练习的。如同任何值得做的事一样，强化你的积极自我需要付出努力和毅力。值得庆幸的是，积极心理学与叙事实践，可以使这项工作变得有乐趣和有意义。

让我们通过一个简单的练习来热热身。

1.1 练习：你的偏好版本

选一首你喜爱的、已经被多个歌手或乐队演唱过的歌曲；再选一部电影，它翻拍自你看过的早期电影。列出它们并回答以下问题。

1. 歌曲的名称

- 原版的演唱／演奏者

- 翻版的演唱／演奏者

- 这两个版本有什么不同？

- 你更喜欢哪个版本？

- 为什么？你偏好的那个版本，你最欣赏它的哪个方面？

2. 翻拍的电影名称

- 是谁主演的或是谁导演的?

- 原版电影的名称

- 是谁主演的或是谁导演的?

- 这两个版本的电影有何不同?

- 你更喜欢哪个版本?

- 为什么? 你偏好的那个版本, 你最欣赏它的哪个方面?

你可能会问："这与我何干？"显然，你比一首歌曲或一部电影更复杂。但是，就像你花一些时间就能想清楚为什么你更喜欢一首歌曲或一部电影一样，通过这本书中的练习，你将检测出自己的不同版本，并看看哪个版本更接近你的喜好和价值。

心理学家曾经认为，一个人的自我认同基本成型于童年，在青春期和成年早期有所微调，此时自我认同或多或少地被固定下来，没有什么可以改变的。如今，心理学对自我认同持有更复杂、在我看来也更乐观的观点。

有令人信服的证据表明，有些事情是我们无法改变的，一些特质可能是遗传决定的或是在我们生活的早期确立的，但也有很多方面是我们可以改变或发展的。

积极心理学的创始人之一马丁·塞利格曼曾写了一本书，指出哪些是我们可以改变的，哪些是不能改变的。例如，我们很难改变一个人被"设定"的体重范围，但是我们可以改变我们的思维习惯，比如悲观、恐惧以及一系列可能会成为问题的行为方式。

幸福领域最著名的研究人员之一索尼娅·柳博米尔斯基（Sonja Lyubomirsky）发现，50% 左右的幸福指数是由我们的基因决定的，还有约 10％ 取决于环境，另外 40％ 则源于我们的选择和行为。著名心理学家乔治·瓦利恩特（George Vaillant）主持了一项纵向研究，对人的发展进行了长达 70 多年的追踪，这也是几代心理学家接力、对人研究时间最长的纵向研究，他发现，随着人们成熟并变老，人们越来越少地受到早期经验的影响，而更多地受到自己的选择、态度和行为的影响。

这就是不同"版本"观点的道理。我们无法更改的东西就像一首乐谱的音符，我们是一首贝多芬的交响乐还是一首滚石的摇滚乐，对此我们可能无法改变。但我们可以选择对音乐的表达和阐释的方式，我们可以决定如何去"演奏"自己的人生。

把生活当成故事

我们选择用什么样的隐喻或比喻来看待自己，会对我们的认知和行为产生不同的影响。例如，叙事疗法的创立者迈克尔·怀特和戴维·艾普斯顿解释说，如果我们认为人及其关系如同一部复杂的机器（从物理学借用一个比喻），那么作为一名机械师，我们会把问题看作机械故障，解决的方法就是去修复它。这里有一个例子，我们说愤怒来自人的内心，就如同高压锅里的蒸汽，蒸汽是一定要被释放出来的，否则高压锅就会爆炸。被这个隐喻指导的人，会鼓励人们宣泄和表达愤怒，释放越来越大的压力。

如果我们选择用医学来比喻，我们就会把一个人的问题看作一种症状，解决的办法就是通过良好的诊断和干预来治疗其深层的起因。比如可以这样认为，一个孩子在学校的不良行为只是一种症状，其真正的原因是他父母在婚姻中的冲突。那么被这种隐喻指导的治疗师，可能会想着去解决孩子父母的婚姻问题，因为这才是孩子行为问题的"真正原因"，他不会去付出很多努力来改变孩子在学校的行为，因为那仅仅是一种症状而已。

我们经常使用类似的比喻，但通常不会去思考其含义。那么，在你的生活中，当你试图了解自己、理解一种关系或遇到困难时，你倾向于用怎样的比喻？你曾想过要搞清楚什么东西坏掉了以及应该怎样去修好它吗？或者，你会把问题看作一些难以触及的深层问题的浅表症状吗？这些想法对你有帮助吗？有其他的比喻可以帮你厘清问题吗？

怀特和艾普斯顿提出，一种有用的方法是把人的问题当作故事。如果问题被当成了某种类型的故事，那么其解决方案就可以是创作出不同的、另外的故事，这就是所谓的"叙事暗喻"（narrative metaphor）或"文本类比"（text analogy）。

文本类比

叙事心理学是从认知心理学的角度研究人们如何创建意义。叙事心理学强调故事在我们生活中的重要性，因为人们会把自己的生活经历编排成故事。什么是故事？故事是一系列通过时间联系在一起的事件，其中包括事件的发展过程和结局，最重要的是，这些相互关联的事件对人是有意义的。

你同意这种说法吗？想想你的生活，你是把它看作一些彼此没有联系的生活经历的集合，还是用"连接点"把这些事件连成一个有意义的整体呢？

我们可以把生活当作文本，每一个生命都好似一本小说或一出戏。当然，我们知道生活不只是一个故事集，它只是开启转型可能性的一个比喻，无论是我们在生活中遇到障碍时，还是我们已经做得很不错但想更上一层楼时，都需要这种转型。

纽约大学的心理学家杰罗姆·布鲁纳（Jerome Bruner）研究了叙事法在我们生活中的重要性，他认为我们会"成为"自己建构的生活故事中的样子。他和其他学者认为，我们的叙述不仅描述过去的生活经历，实际上还会对我们现在和未来如何生活产生影响。我们讲述的生活故事，不单单是记录我们的经历，它也创造出体验：我们如何感受，我们在想什么，我们看到自己面临什么样的机会和障碍。吉尔·弗里德曼（Jill Freedman）和吉恩·库姆斯（Gene Combs）说："同样的事件可以被讲成各种各样的故事，这些不同的故事会产生不同的生活体验。"

值得注意的是，我们不是在真空中或随意地编造我们的故事。每种文化都提供了一定的故事"蓝本"，使我们更可能以某种特定的方式而不是别的方式来讲述自己的故事。

让我们来消化这些观点。请做以下练习，看看同一事件可以被怎样编成不同版本的故事。

"把人的问题当作故事，其解决方案就可以是创作出不同的、另外的故事。"

1.2 练习：你的一日生活纪录片

A．想出 3 个很了解你的人（如妹妹、妻子或伴侣、朋友、母亲、前配偶等）。

B．写下他们的名字或缩写。

第一人＿＿＿＿＿＿＿＿，第二人＿＿＿＿＿＿＿＿，第三人＿＿＿＿＿＿＿＿

C．试想一下，给他们每个人分配一项特殊的任务。提供给每个人一台摄像机，要求他们悄悄地跟着你，记录你一天中做的所有事，然后每个人都会做一个关于你的 30 分钟的纪录片。

● 第一个人的录像会是什么样子？你认为它会是一个什么样的基调？你的哪些活动会被凸显出来？你的哪些特点会更加彰显？它会讲述关于你的什么样的故事？

● 第二个人的录像会是什么样子？你认为它会是一个什么样的基调？你的哪些活动会被凸显出来？你的哪些特点会更加彰显？它会讲述关于你的什么样的故事？

- 第三个人的录像会是什么样子？你认为它会是一个什么样的基调？你的哪些活动会被凸显出来？你的哪些特点会更加彰显？它会讲述关于你的什么样的故事？

- 哪一个录像"更真实"地记录了你呢？你更喜欢哪一个？为什么？

你觉得这个练习怎么样？你有了 3 个版本的录像，他们记录的每件事都实际发生过，3 个录像都是"真实的故事"。不过，每一个人或称"作者"，可能都选择了突出你的某些事情。正如他们每个人都要编辑这 30 分钟的录像一样，我们每个人都在"编辑"自己的日常生活体验。我们不可能处理一天中发生的每一件事，所以我们往往会凸显一些事情，而这些被强调的事往往契合了我们关于自己的某些观点或故事。

故事与自我

肯尼思·格根（Kenneth Gergen）等理论家们提出，我们在不断地修改自己的生活故事以及各种事件和关系的意义。个人叙事是动态的，它是在与他人的某种关系和谈话中进行的。我们在不断地"讲述和复述"自己的故事，每一次都受到与谈话对象的互动的影响，如对方的倾听、参与或反馈。从这个角度来看，我们的自我不是一成不变的，而是流动的。我喜欢哈林·安德森（Harlene Anderson）的说法："自我是一个持续编修中的自传；或更确切地说，它是不断地记录和编辑着的一个由自我和他人多面体构成的自传。"

如果你采信这种观点，认为自己是"一个持续编修中的自传"或一个在别人的帮助下不断续写的多面的人物传记，那么，谁是你的人生故事最重要的合著者？如果有这样的人，你与他们的关系和对话对你如何看待自己产生了重要的影响，那么那些人是谁？当你继续读以下内容、更深入地探索你的偏好自我时，这些人可能会出现在你的脑海里。

探索你的偏好自我

"偏好自我"（preferred identities）的概念，是指对你的定义不止一个，你可能倾向于某种存在方式，这是由你的价值、希望和承诺引导的。这也意味着你对自己想成为什么样的人是有选择的。在本节中，你将做一些练习，以此来探索你的身份。你将了解一些概念，如主导故事和替代故事，并做一些有趣的主导故事的练习，这些练习可能会影响你的生活和自我意识。

让我来介绍一下劳拉，一个忙碌的专业人士和母亲，她认为自己是一个非常凌乱的女人。劳拉的家庭办公室里堆满了各种文件——未付的账单、期刊文章复印件、文件夹、旧杂志，似乎每一个台面都被纸张覆盖了。有成堆的光碟被放在盒子外面。有时候她会晚付信用卡账单，因为她找不到它们。她需要某个作者的文章，但它很可能被埋在其他资料的下面，使她无法找到她授课所需的资料。她很努力地想改掉这个毛病，甚至买了她看到的每一本指导人如何摆脱凌乱的书，但是这些书本身又成了凌乱的一部分！

　　劳拉想要放弃，认为杂乱无章也许是她的本性。作为一个专业人士、妻子和母亲，凌乱让她自我感觉非常糟。毕竟，她认为孩子们是从他们的生活中学习的，她觉得自己没有给孩子们做一个好榜样。如果你走进她的家庭办公室，你也会得出同样的结论：劳拉是一个凌乱的人。

　　不过，如果你多了解劳拉一点，可能会注意到，她的有些方面并不符合"杂乱无章"这一描述。比如，她工作的办公室是完美无瑕的，所有的东西都被放到了该放的地方，书籍被很好地分类存放，专业杂志都保存在了专用柜里，所有的文件被一一存档——包括她的办公室账单和信用卡结算单。在等候室里，杂志整齐有序。人们走进她的办公室时，常常评论说，这是一个多么宁静又舒适的环境啊。

　　更惊奇的是，前几年劳拉是一个大型国际会议的组织者，她必须记录和跟进所有的会议安排。200多人参加的会议，一切都进行得很顺利，这次会议取得了巨大的成功。嗯，这样的结果出自一个凌乱的人，这是一个有趣的对比。也许，除了凌乱，她还有更多的素质。

　　在接下来的部分，我们将会看到，我们有时持有的对自己的某种想法是如何限制自己的，因此扩展我们的自我认同可能是件值得做的事情，尤其当这个自我是我们想要的以及更愿意被别人看到的身份时。

　　"自我"[即"身份"（identity）]一词来源于拉丁词"同样性"（sameness）。当我们看自己时，往往假设我们是单一的、始终不变的。我们倾向于认为，自我是由一组特性构成的一个实体的人，这有助于我们感到个人化和一致性。但有时候，单一自我的看法会制约我们，尤其是在我们面临困难或生活受阻的时候。有时候，我们感到描述自己的方式或别人看待我们的方式，与我们的价值、承诺和对生活的期望是不同步的。如果你认为"我拥有比这些更多的东西"，这意味着你已经准备扩大自我的定义以及探索你的偏好自我了。

"自我是一个持续编修中的自传。"

1.3 练习：你的自我手账

想象一下，你有一本手账，装满你从童年到今天的生活照片和纪念品。请从中挑选出展现你最喜欢的状态的两张照片，它们可以是让你感觉非常愉悦的瞬间，可以是让你非常投入并给你带来满足感的时光，也可以是显示了非常重要的关系的图景或是对你有特别意义的一个事件的画面。请描述这两张照片，越生动越好。尝试重现那个时刻，再次投身其中，比如你在哪里、和谁在一起、在做什么、你的感受以及你能回想起来的任何感觉，如声音、气味和颜色等。

- 第一张照片

- 第二张照片

你对这个练习的感受如何？你觉得找出和记住生活中的美好时刻会让你探测到不同的自己吗？

你可以看到与你想要成为的那个自己有关的一些片段吗？这个练习最触动你的是什么？

自我与个人能动性

布鲁纳和班杜拉等许多心理学家认为，对自我的看法与我们对个人能动性的觉知相关。也就是说，人不只是环境的产物或某种力量的被动接受者，人们还可以作出抉择，有目的地行动，并能对自己生活发展的许多方面产生影响。叙事法的实践者也强调我们是如何成为生活的主动者的，即我们的抉择和意图源于我们的价值、信念和承诺。当我们说"偏好自我"时，通常是指我们对自己的看法与我们的信念和价值是一致的。

让我们从这一角度来看一些你从手账中挑选出来的照片。

"我们的抉择和意图源于我们的价值、信念和承诺。"

1.5 练习：关于你的自我手账的进一步探索

让我们再来看看你从手账中选择的两张照片。

1. 选定的快照 ＃ 1

- 你怎样命名这张照片或场景？

- 你为什么选择它？

- 你认为这张照片代表了当时怎样的你？

- 这张照片是否反映了你当时看重的东西或现在的价值?

- 这张照片是否反映了对你来说很重要的承诺或信念?

- 谁在支持当时那个样子的你? 什么样的关系让当时的你能成为一个最佳版本的自己?

2. 选定的快照 # 2

- 你怎样命名这张照片或场景？

- 你为什么选择它？

- 你认为这张照片代表了当时怎样的你？

- 这张照片是否反映了你当时看重的东西或现在的价值？

- 这张照片是否反映了对你来说很重要的承诺或信念？

- 谁在支持当时那个样子的你？什么样的关系让当时的你能成为一个最佳版本的自己？

主导故事和另类故事

在本周的开头我们谈到，当自己和（或）他人对我们是什么样子有了定论时，我们会感觉受到约束。如果这些定义或结论过于狭隘，它们就没有囊括我们生活的多个角度和细微差别。在叙事法的术语中，这样的定义或结论被称为"主导故事"（dominant stories）。

什么是占主导地位的故事呢？记得前文说过，故事是一系列通过时间连接起来的有意义的事件。主导故事是一个人的一系列生活经历，用某种讲得通的方式连接了起来，不过它却遗漏了对此人也很重要的其他事件或经历。

下面是一个例子：

约翰醒来，当他意识到闹钟没响时，有些惊慌。还在半睡半醒中的他说："呀，我忘了定闹钟！"他匆忙吃完早餐然后去上班，他注意到车快没汽油了，"哎，我应该昨晚加满油的。"他懊悔道。他到办公室时迟到了 10 分钟，他的同事告诉他："约翰，经理要见你。"

当约翰刚迈进会议室见老板时，他想起来了，"哎哟，报告！"经理不太高兴，因为约翰的销售报告写得不是很好，他要求约翰重写某些部分。约翰一回到他的办公桌前就开始忙着打电话，但是他已经落后于今天的销售目标了。

此刻你的想法如何？你是否已经开始形成关于约翰是个什么类型的人的看法了？一个心烦意乱的人？一个无可救药的凌乱的人？你似乎是在朝着这个方向塑造他。

图 1-1 描述了约翰的一天，每个点代表一个事件或经历。

我们可以把下面这些点在约翰的一天里连接起来：

● 忘记定闹钟；

● 汽车没油；

● 上班迟到；

● 老板抱怨；

● 落后于销售目标。

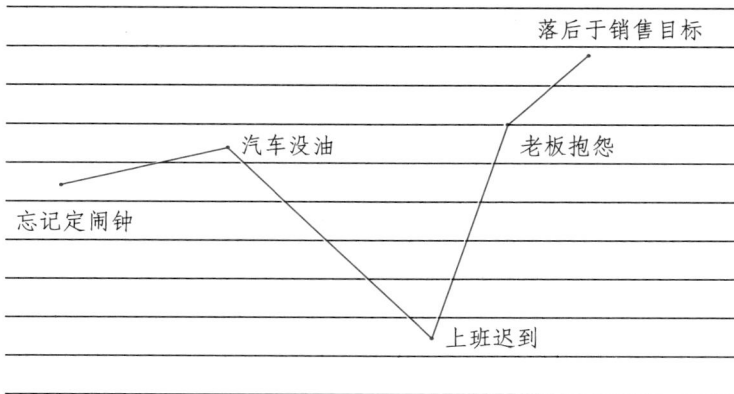

图 1-1　约翰的主导故事

这些连接的事件可能会给我们一个关于约翰的基本印象。你脑袋里想的是什么样的故事呢？我猜可能是诸如不称职、注意力分散，或许还有不负责任之类的。

如果这类事件频繁发生，这些就构成了约翰的形象，也是其他人对他的主要印象，没准儿他自己也会认为自己是不称职的，这类事件成为塑造他的自我的主导故事。

上述这些事件确实都发生了，不过，我们并没有提到下面这些故事。

约翰刚醒来时，他的两个孩子调皮地冲进父母的卧室，后面跟着狗。孩子们挠了约翰的痒并亲吻了他，直到他们都控制不住地大笑起来。约翰花了 10 分钟给孩子们准备早餐甜饼，他的妻子玛丽跟他拥别、递给他准备好的午餐，并祝愿他有美好的一天。

当他注意到车快没油时，他的邻居正准备去上班，却停下车来问约翰是否需要帮忙，邻居还提到了多年来约翰对他的诸多帮助。

在见了老板之后，人力资源部的朱莉娅来找他，问他是否可以再次组织公司的新年晚会，因为去年他组织得相当棒。之后，他销售团队的成员查理问他能否一起吃午餐，因为查理跟女友之间闹了一些不愉快，想问问约翰该怎么办。

图 1-2 是约翰的一天的第二个图形。

正如你看到的，约翰一天中的下列事件也可以被连接起来：

● 他在孩子、妻子和狗的融洽氛围中醒来；

● 尽管他急于上班，但他仍花时间给孩子们做早餐；

● 他的邻居对他过去多年的帮助表示感谢；

● 他去年的新年晚会组织得不错，被请求今年再次组织；

● 查理很看重约翰对他和女友关系的看法和建议。

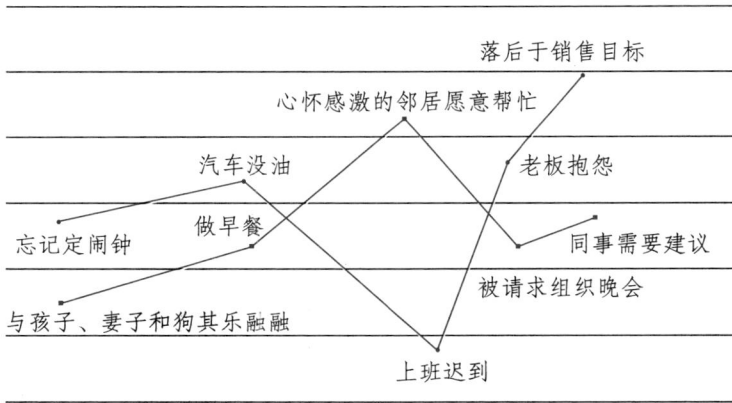

图 1-2 约翰的另类故事

现在你怎么看约翰？当我们连接起图 1-2 中的事件时，你脑海里是否出现了一个不同的约翰的故事？你的脑海中会出现一些什么样的词语来形容约翰呢？

处理和整合发生在我们生活中的每一个经历是不可能的，我们需要编辑我们的故事，选择那些我们关注的和重要的经历。不妨试想一下，如果我们每个人都用黄色荧光笔标出生活中的一些经历，那么，我们强调的这些经历连接起来，就会成为我们生活中的重要故事。我们需要通过这些重要的故事来理解我们的整体人生体验以及"我是谁"。但是，如果我们标出的聚焦点太过狭隘，只包含了某些类型的经历而排除掉了其他的，那么我们建立的主导故事可能会对我们产生不利的影响。

我们如何自述自己的人生故事以及怎样与他人共享并从他人那里听到自己的故事，会影响我们如何了解和认识自己。

"我们需要编辑我们的故事，选择那些我们关注的和重要的经历。"

1.7 练习：你的主导故事

主导故事通常被表述为对一个人的概括，例如，"她一点都不上进""他缺少幽默感"或"她有控制欲，太强势"。

1. 请花一分钟，想想在你的生活中，你或你身边的人是否形成了让你感到不舒服的关于你的"主导故事"。例如，"她总是紧张""她很漂亮，但不聪明""他是一个糟糕的领导者""他有很多情感上的包袱""他不能专注"。请为一个经常被用来形容你的主导故事写下故事名。

● 关于我的一个主导故事（或者我经常被描述为）：

● 这个主导故事对你的影响：

\# 对你的行为方式有影响吗？

\# 对你的人际关系有影响吗？

\# 对你如何看待自己有影响吗？

\#　对你未来的计划和梦想有影响吗?

\#　你如何评价这些影响? 它们对你来说是积极的还是消极的?

\#　这个主导故事与你的价值、承诺和希望相符吗? 它们的关系是怎样的?

2. 哪些事件或经历可能已经成为你的主导故事的"证据"了?

● 你可以找出不契合主导故事的事件、与之相抵触的经历或仅仅是和它有不同之处的故事吗?
把它们写下来。

- 另类故事是你能想到的主导故事之外的故事。你会怎样命名你的另类故事?

- 你能看到另类故事对你的影响吗? 它们让你有怎样的想法和感受? 它们引起了你的想象吗? 是怎样的想象?

- 另类故事是怎样和你的信念、价值相契合的? 它是如何影响你未来的目标的?

通常来说，你的主导故事似乎比另类故事更清楚（当然了，它占主导地位嘛）。这是说得通的，因为主导故事得到了更多的关注，随着时间的流逝，这个故事在你的交谈和人际交往中被不断地流传和强化，可以说，它是一个被更好地发展了的故事。然而，叙事法专家认为，我们需要增加另类故事以丰富剧情。要做到这一点，我们需要从自己的经历中找寻证据。

让我们想象一下，一个叫安妮的年轻女子，"害羞"成了她多年生活中的主导故事。她认为自己是害羞的，从她小的时候起，家人就一直说她是"腼腆的"。她非常敏感地注意到，很多时候她在学校都表现得很害羞。如果有人告诉她，"安妮，你不必害羞"，这类鼓励恐怕没有太大的作用。但是，与其试图说服安妮不要害羞，我们不如找出一些安妮不是很害羞的时刻。如果她仔细搜索自己的生活，或许她可以找出一些自己外向、健谈或直言不讳的例子。如果安妮想开始一段更外向的生活，找出自己不害羞的第一手证据是对她有帮助的。

玛丽·赛克斯·怀利（Mary Sykes Wylie）对叙事法的描述是我最喜欢的说法之一。她说，寻找另类故事的线索就像淘金。你看过描写19世纪加州淘金热的电影吗？希望找到黄金的人们，会花几个小时甚至几天的时间把大筛子浸泡在河流中，筛子里先是装满了石子和沙砾，然后人们不断地筛掉石头和沙砾，精挑细选，过很长一段时间，才找到一块金子。自我认同的"金块"，就是那些不同于主导故事告诉我们的那些表现时刻，是有关我们可以有不同可能的故事的证据。

1.8 练习 : 淘金

这个练习会贯穿本周，它需要你有较好的观察能力。请找出一个你不喜欢的关于自己的主导故事。要格外注意本周发生的与这个主导故事不契合的任何事件、行为或体验。例如，安妮需要特别注意那些她并没有表现得害羞的生活事件，诸如自己表现得有主见、合群或勇敢的时刻。

● 请列出那些与偏好自我不相符的主导故事，例如，"我是一个凌乱的人""她没有耐心"或"他是不可靠的"。

● 请列出可能的另类故事的线索，例如，你很整洁、有耐心或可靠的时刻。

第 1 周的对话练习

请和一个朋友或对话伙伴一起，谈论关于自己的不同版本及偏好自我的想法。然后分享你的反应和问题。

感谢你完成了本周的练习，希望你找到了一些可能并不反映你的偏好自我的主导故事，同时也找到了更符合你心意的另类故事的证据。希望你继续探索这些另类故事，这将有助于你了解一个全面的自己。

参考文献

Anderson, H. (1997). *Conversation, language and possibilities: A post-modern approach to therapy.* New York: Basic Books.

Bandura, A. (2006). Toward a psychology of human agency. *Perspectives on Psychological Science, 1*(2), 164-180.

Bruner, J. S. (1990). *Acts of meaning.* Cambridge, Mass: Harvard University Press.

Bruner, J. (1987). Life as narrative. *Social Research, 54* (1), 11-32.

Freedman, J., & Combs, G. (1996). *Narrative therapy: The social construction of preferred realities.* New York: W. W. Norton & Company.

Gergen, K. (1997). *Realities and relationships: Soundings in social construction.* Cambridge: Harvard University Press.

Lyubomirsky, S. (2007). *The how of happiness: A scientific approach to getting the life you want.* New York: Penguin Press HC.

Morgan, A. (2000). *What is narrative therapy?* Adelaide: Dulwich Centre Publications.

Peterson, C. (2006). *A primer in positive psychology.* New York: Oxford University Press.

Polkinghorne, D. E. (1988). *Narrative knowing and the human sciences (Suny series in the philosophy of the social sciences).* Albany, New York: State University Of New York Press.

Rambo, A. Heath, A., & Chenail, R. (1993). *Practicing therapy.* New York: W. W. Norton & Company.

Seligman, M. (2009). *Closing keynote address.* Philadelphia, Pennsylvania: 1st Positive Psychology World Congress.

Seligman, M. (2007). *What you can change... and what you can't: The complete guide to successful self-improvement.* New York: Vintage.

Tarragona, M. (2008). *Postmodern/Post-structuralist therapies.* (In Lebow, 21st Century Psychotherapies.) Hoboken, NJ: John Wiley & Sons .

Vaillant, G. (2002). *Aging well: Surprising guideposts to a happier life from the Landmark Harvard Study of Adult Development.* Boston: Little, Brown and Company.

White, M. (2007). *Maps of narrative practice.* New York: W.W. Norton & Company.

POSITIVE
IDENTITIES

第 2 周

丰富剧情与处理问题

主编导读

　　学习了第 1 周的内容之后，你感觉如何？我在阅读和翻译本书的时候，从一开始就被深深地吸引，然后就像被施了魔法一样，跟随着作者的引领一步步地进入了叙事实践的神奇领域。

　　为了理解自我和世界，人类需要赋予事物意义，无论自觉或不自觉，我们都会对事物作出解读。塔拉戈娜博士提到，我们用什么样的类比来看待自己的生活、赋予事物什么样的意义，这涉及我们对人生和人性的不同理解。叙事疗法认为，把我们的人生看成一个"故事"是很有益的，因为故事可以有不同的版本，于是我们对自我的看法也就有了一定的灵活性，我们本身也就有了变化的可能性。

　　困扰我们的很多问题，比如自卑、抑郁、焦虑等，很多时候源于我们对自我有一个消极和固定的看法。别人用固定的角度来看我们，给我们下结论，说我们这里不行、那里不对，我们无法改变别人也就罢了，我们自己往往也会把自己"看死"了，认为自己不够好、不如别人，这就是本书所讲的"主导故事"。

　　然而，作者提醒我们，不要被自己或他人给我们编写的主导故事限制。自我不是一个固定不变的形象，我们的人生故事可以有多个版本，我们完全可以像淘金一样，淘出"另类故事"，以此来补充和完善对我们的片面界定，让自我呈现出一种更丰满、全面和积极的状态。除此之外，我们也可以选择"偏好自我"，就是希望自己成为的那个样子。

　　那么我们怎样才能够做到这些呢？积极心理学和叙事实践都相信人

的能动性。精神分析学派认为，人是被过去决定的；而积极心理学认为，人是可以由未来拉动的；叙事实践则认为，每个人都是自己人生的主角，通过讲故事，人们既可以积极地解读过去的经历，也可以书写美好的未来。

上述这些观点都是第 1 周的内容，我原本应该在第 1 周的导读中与大家分享我的看法，不过我特地等你读完这 1 周内容之后再说，如果一开始我就把第 1 周的观点都告诉大家了，那就有点像在一部精彩的电影一开场就把结局剧透给大家一样，未免太煞风景。我希望大家能跟着作者的引领，一点一点地体会探索和思考的乐趣。

在接下来的第 2 周，作者谈到了几个重要的概念：薄描与厚描、内化与外化、被动与主动等。

薄描与厚描说的是，我们可以用多维的、建设性的描述（厚描）来代替对自我单一的、片面的评价（薄描）。遗憾的是，我们在生活中往往喜欢对人进行薄描，比如认为成人只要收入低就是失败者，认为孩子只要成绩不佳就一无是处。至于怎样进行厚描，书中提供了很生动的示例，请大家活学活用。

内在与外在说的是，我们可以用问题来界定某人（内在化），比如，"你是个没用的人""你是个不负责任的人"，也可以将问题与自我分离（外在化），让问题是问题，人是人，比如，"这件事你没有做好""我们都需要学会负责任"。在本周的练习中，你会发现，当我们把描述个人的词由形容词变成名词的时候，自我的含义也随之发生了神奇的改变。

在本周的内容里，作者再次强调了人的主观能动性。正因为人不是被动的，而是可以作出主动的选择，我们才可以设计自己的未来，成为"最好的自己"。

第 2 周的内容与第 1 周一样精彩纷呈、干货满满。那么，就让我们开始第 2 周的学习吧！

面对在生活中可能出现的问题和障碍，本周课程将要求你用不同的思维方式来思考。它提出一个大胆的想法：你的问题不一定能代表你这个人；问题是问题，而你是你。本周的练习请你思考、说出并写下你的问题本身，观察一下这种新的看问题的视角对你产生的影响。

本周将要求你把自己当作你生活中的一个主导者，同时要看看你对未来作出的一些重要决定、承诺和抱有的希望。本周的练习需要你有好奇心和开放的心态。根据我的经验，做过这些练习的人往往会对自己有一个更加宽广的视角，并且感到有重建自己的可能性。很高兴能与你分享这些，也希望你做好了尝试的准备。

丰富剧情

到目前为止，你可能已经注意到了关于自己的不同故事的线索或可能的证据。主导故事看起来像一棵橡树，它可能已深入人心。请把另类故事当作幼苗，我们需要培育它，以便它可以成长。为了补充与替代主导故事，我们需要强化这些另类故事。强化另类故事的第一个方法是探索、谈论这些故事并把它们写出来，由此我们能看到这些事件不是孤立和没有联系的，相反，这些事件与我们的技能、知识、价值和承诺有关。

强化另类故事的第二种方式是"薄描"（thin descriptions）与"厚描"（thick descriptions）我们自己。我不是在说腰围的尺寸。"薄描"与"厚描"两个词来自哲学和人类学，前者是指对某事或某人的一个简单、浅层的看法，而后者是指与之相反的复杂和多面的描述。

当想到薄和厚的描述时，我脑海中常出现纺织品的形象。想想薄得可以透视的纱布和厚实且五颜六色的玛雅挂毯的区别，纱布仅有几条可以轻易看见的线纹，而且不结实；相反，玛雅挂毯由许多不同颜色的线错综复杂地交织而成，厚实、复杂且结实。我们可以用类似的形象来思考我们的故事和自我。

我们非建设性的主导故事可以看作薄描，因为它们通常是单维的。为了开发出更好的故事或编织更美丽的人生挂毯，我们需要丰富我们的生活故事的剧情。

"问题是问题，而你是你。"

2.1 练习：丰富你的剧情

在前面的练习中，你"淘过金"，对于那些不应该被简化的和薄描的经历，你像个侦探一样搜索了有关的线索。请参阅你的线索列表，然后选择一个来进行练习。请你扮演记者的角色，详细地询问你自己的经历。你可以写下你的答案，也可以请朋友来采访你。

- 从本书的 1.8 练习中所写的线索列表中选择一个线索。

- 告诉我更多关于这方面的经历或事件。你当时在哪里？正在做什么？和谁在一起？你们做了什么？

- 你是否看到这个事件朝着你喜欢的方向迈出一步？为什么？如果是这样，你是怎样为这一步做好准备的？

- 有没有其他人注意到你做了或说了什么？谁注意到了？此人有何评论或者说了什么？

- 你认为这一事件向这个人传达了关于你的什么信息？

- 如果没有人注意到这个事件，你希望有人注意到吗？为什么？他们需要看到什么才能意识到这对你来说是一个重要的时刻？

- 这个事件告诉了你什么?

- 这个事件与对你很重要的价值或信念有关联吗? 是怎样关联的?

- 这个事件与你的技能和知识有什么关系?

问题并不是症状

你是否曾遇到过这种情况，面对问题，你会对自己说："是我错了吗？""如果孩子不想上学，可能是因为我是个不称职的妈妈吧？""如果我约会的人不想跟我有进一步的关系，那么我必须做些什么来吸引这个害怕承诺的男人。""如果我的工资太低，生活紧巴巴，可能是因为我暗自害怕成功而自毁前途。"

我们把困难看成自身的问题，觉得这种想法很自然，并且不去怀疑它。但是，有些学者认为这是文化的产物，心理学应该为此做些什么。

积极心理学和叙事法是两门源于不同知识体系的学科，但它们在发展道路上却共享了 20 世纪心理学作为一门学科面临的种种尴尬，并且都提出了在当今世界思考和实践的新方法。

对于占据心理学史主导地位的、强调缺陷和病理的心理学说，积极心理学一直是持怀疑态度的。积极心理学之父马丁·塞利格曼和米哈里·契克森米哈伊（Mihaly Csikszentmihalyi）指出，自第二次世界大战以来，心理学成为一门治疗疾病的科学。治疗确实很重要，但这也导致了心理学的不平衡——对于生命的价值、人生的意义很少涉及。积极心理学研究人们的最佳运作方式，并致力于发现和推广使个体和社区生活变得充实多彩的因素。

肯尼思·格根被称为具有哲学传统的"社会建构主义"（social cons-
tructionism）学派心理学家，他提出，我们通过语言和与其他人的互动来
构建或创建我们的现实经验。社会建构学说认为，我们用来描述自己经
验的语句，不仅传达了我们的想法和感受，还塑造或构建了我们如何思
考、感觉和基于这些经验的行为。

我们的言语和我们的世界

在一篇题为《治疗行业和缺陷的扩散》（*Therapeutic Professions and
the Diffusion of Deficit*）的文章中，格根（1990）提出，尽管治疗师有良
好的意愿，但是他们的所作所为正在建立一种文化，即人们经验的越来
越多的方面被认为是不正常的或病态的。格根展示了"人类的缺陷词汇"
在短暂的人类历史时期是如何快速成长的。他指出，诸如"低自尊""倦
怠""成瘾性人格"，无数这类词汇在 100 年前还不存在。他解释说，这
些强调心理缺陷的术语会"抹黑个体"，会"把关注点引向问题、缺点或
无能"，采用这些概念可能会导致"自我衰弱"（self-enfeeblement）。

试试下面这个练习，以获得对缺陷语言及其影响的更清晰的认识。

当你思考、谈论自己或他人时，使用下列词语的频率是怎样的?

心理词汇	从不	有时	经常	很多时候
低自尊				
压抑				
工作狂				
相互牵制				
反社会人格				
厌食症				
抑郁				
强迫症				
焦虑				
依赖				
不健全的家庭				

　　答案没有对错之分。这里的一些概念对许多人来说可能很有用，但在其他时候又可能成为局限或导致问题。这个练习的目的是了解我们使用的词语以及这些词语对自己和他人产生的影响。

请花一分钟的时间想一想，以上列表中的一个（或类似的）词语，是否曾被用来描述你？是什么词语？你当时的感受如何？你当时的看法是什么？这些描述有没有影响你后续的行为？

叙事和对话的前提之一是，我们所使用的语言，无论是对个人还是对社会，都是非常重要的。正如挪威心理学家汤姆·安德森曾说的，"语言不是无辜的"（language is not innocent），因为我们的理解很大程度上取决于我们听到和看到的，而我们听到和看到的则取决于我们想要听到和看到什么。你上个星期所做的练习都是为了扩大你去寻找和聆听你自己的生活故事的选择范围，从而让你可以对**你是谁**有丰富的描述。

内化的语言和外化的语言

叙事法的创立者之一迈克尔·怀特（2004）说，当我们想到人的时候，我们使用的很多词语是属于"内部状态"（internal states）的语言。"内部状态"包括无意识动机（unconscious motives）、直觉（instincts）、驱动力（drives）、特征（traits）和倾向（dispositions）。按这条思路，人的行为和表达方式是这些内部状态的外在表现。这意味着存在着我们几乎无法触及的深层过程，而我们的行为是这些看不见的过程的结果。一个典型的比喻是"冰山一角"，我们能看到的只是露在外面的一小部分，而更大的、最重要的部分则在水面以下。

采用"冰山"模型的后果是把问题理解为内部状态的表现。由此，一个人的各种问题可以被看作更深层次的缺陷或瑕疵的症状或表象，即问题源于看不见的性格缺陷以及看得见的迹象。我们认为，"如果我有这个问题，就意味着我是＿＿＿＿＿＿＿＿。"也就是说，问题反映了我们是谁，它是我们自我身份的一部分。

怀特及杰罗姆·布鲁纳等学者强调，这种对人的"内部状态"的理解并不是我们拥有的唯一框架。不同的文化和不同的历史时期，各种方法被用来定义人和问题，我们可以选择使用哪些框架。叙事法实践者认为，问题"内化"的观点往往会带来负面影响。为此，他们使用了一种不同的方式来思考和谈论人的问题。在告诉你这种方式是什么之前，请你先通过下面的练习来体会不同语言的差别。

"语言不是无辜的。"

当完成采访后，你会发现这是个非常有趣的练习。如果有可能，找一个朋友或伙伴互相采访。

向你的合作伙伴提出下面第一部分和第二部分中列出的问题，然后互换角色。

如果你愿意，也可以采访自己然后写下答案。

第一部分

想一个你自己不太满意的个性特点，这种个性可能有时会给你带来麻烦，也可以想一个你打算改掉的毛病。写下这个个性的形容词，为了叙述方便，我们用"X"代表这个形容词：

（例如，在本书第 1 周出现的劳拉，她可能说自己是"凌乱的"。有些人或许认为自己是"神经质的"，有些人可能选择用"焦虑的"来形容自己。）

请回答以下问题：

● 你是如何变得 X 的？（请确定 X 是个形容词，例如，懒惰的、杂乱无序的、紧张的、亢奋的、焦虑的。）

---

❶ 改编自弗里德曼和库姆斯（1996）的研究。

- 当你是 X 时，你做过任何"如果你不是 X 时，不会做"的事吗？

- 你是 X，导致你最近遇到什么困难了吗？

- 当你是 X 时，你怎样看待自己？

现在把这个个性特征词变成一个名词"Y"❶：

（例如，第 1 周的劳拉，会把形容词"凌乱的"改成名词"凌乱"；"神经质的"对应的名词是"神经症"；"焦虑的"对应的名词是"焦虑症状"。）

● 是什么让你容易发生 Y？

● 在什么情况下你更可能发生 Y？

---

❶ 例如，形容词"懒的"对应的名词是"懒惰"；形容词"急躁的"对应的名词是"急性子"；形容词"不安全的"对应的名词是"没有安全感"等。

- **Y 对你的生活和人际关系有什么影响?**

- **Y 导致你正经历一些麻烦吗?**

- **你有过这种时刻吗,即 Y 有可能爆发,但你克制了没有让 Y 发生?**

2.5 思考

现在花点时间来思考一下（或与你的伙伴交流）刚刚做过的练习。

- 你（们）第一部分（形容词）和第二部分（名词）的回答是什么？

- 采访的第一部分（形容词）给你什么样的想法和感受？

- 采访的第二部分（名词）给你什么样的想法和感受？

- 你有注意到用形容词和名词讲同一件事时的区别吗？

- 如果有区别，是什么样的区别呢？

再次强调，答案没有对错之分。叙事实践者发现，我们通常使用形容词来谈论问题并倾向于使之内化，我们把它们当作自己的映射，当成很难改变的本质特征，因为它们是我们的一部分；而当我们用名词来谈论一个问题时，我们倾向于使之外化，我们正描述一个独立于我们的东西：我是我，问题是问题。这种区别往往让我们从不同的角度看问题，并感觉我们的生活有更多可操控的选择或空间。你认为有道理吗？

有趣的是，这种以外化的角度看问题的思路与积极心理学关于乐观的研究结果是一致的。乐观的人们期待美好的事情发生。有很多研究显示，乐观一般来说是有益的，当我们有信心能获得什么的时候，我们会采取相应的行动并坚持不懈地去努力，即使在有困难的条件下也如此。研究还表明，乐观主义者面对逆境时会有较少的痛苦感觉，在很多压力情况下也表现得更好。当出现问题时，乐观的人常把它看作一个独立的、个别的事件（例如，"这次考试我准备不足，以后我会每周四复习数学，更好地准备接下来的考试"），而悲观者则倾向于一概而论，把问题看作自己的一种反映（例如，"我数学差，我永远不会通过这门课"）。可以这么说，面对困境，悲观主义者是"内化"地看问题，乐观主义者则是"外化"地看问题。

个体能动性

我们已经看到了外化问题是如何把我们可能面临的困难与我们自身分开的。还有哪些叙事观点可以帮助我们更接近自己的偏好自我呢？怀特认为，有一点很重要，就是去了解什么使人们按照他们的意图、目的、价值和承诺去行动。与其相关的一个重要的心理学概念是**个体能动性**（personal agency），即人们是自己生活的积极"玩家"，他们作出决定，追寻他们认为有价值、有意义的事物并有目的地行动。怀特指出，当人们想要改变或希望接近他们的偏好自我时，让他们思考自己的意图、价值、承诺、希望和梦想是很有帮助的。

在本周的最后一部分，我们将放眼未来——你的未来。我们的目标、希望和梦想可以和我们的过去一样强大，甚至比过去更强大。乔治·瓦利恩特博士等几代心理学家在哈佛大学做过全球最重要的纵向研究项目之一——成人发展研究（Study of Adult Development）。这项研究对一组男性（包括哈佛大学的男生以及波士顿贫民区的男性）开展了80多年的追踪调查，从他们20岁出头到老年。其中一些研究对象被认为是"危险"分子，因为他们成长的家庭发生过虐待、酗酒和暴力。然而，尽管有这些艰难的早期经历，他们之中的很多人依然把命运掌握在自己手中，他们作出了正确的决定，表现出了极强的适应能力。瓦利恩特还发现，一个人能健康长寿的因素之一，是要面向未来。其他对心理韧性的研究表明，对自己有正面的看法、怀有自信和对未来充满希望，这些能帮助个体克服发展中受到的威胁并培养心理韧性。

密苏里大学的劳拉·金博士研究了确立目标对幸福感的重要性。她发现，写下自己目标的人更有可能实现这些目标。金博士还研究了写下"未来最好的自己"对个体的影响。她要求她的实验参与者在他们生活中的不同领域设想一下可能的最好的未来人生，并且要求参与者每天花20分钟写下这些设想，连续4天。另一些实验参与者（对照组）则不得不写一个痛苦的经历，因为大量证据显示，写下创伤经历是有益的，包括提高身体健康水平。金博士发现，与写下创伤经历的那些人相比，那些写下可能的最好自我的人们，他们的心情和快乐水平有显著的提高，身体健康水平的提升与写下创伤经历的人相似或比之更高，而写最好自我的人却不像写下创伤经历的人那样要体会情感上的不适。

幸福研究领域最杰出的研究人员之一索尼娅·柳博米尔斯基做了类似的研究，不过她的实验参与者必须在实验室写下一次经历，然后回家后根据自己的意愿决定再写多少次。她和她的合作者肯农·谢尔顿（Kennon Sheldon）也发现，那些写"可能的最好自我"的人的积极情绪提高了。其中认为这个练习对他们来说是个"不错的选择"并且不断练习的人受益最多。

柳博米尔斯基和谢尔顿对"可能的最好自我"的指导语是：想象一下未来的你，所有的一切都处于可能的最好的状态。你一直努力工作，成功地完成了你所有的人生目标，实现了你一辈子的梦想和自己的最佳潜能。请想象一下，那时的你会是什么状态？什么样子？

2.6 练习：最好的自我

请按照金博士和柳博米尔斯基的定义，写下你的"最好的自我"。

第 2 周的对话练习

请你和一个朋友或对话伙伴谈一谈你对"外化问题"的想法，可以具体到当你用一个形容词和一个名词谈论问题时的不同感受。

参考文献

Andersen, T. (1996). *Language is not innocent.* In F. W. Kaslow, Handbook of Relational Diagnosis and Dysfunctional Family Patterns (pp. 119-125). New York: John Wiley & Sons.

Bruner, J. S. (1990). *Acts of meaning.* Cambridge, Mass: Harvard University Press.

Carver, C., & Scheier, M. (2005). *Optimism.* In C. Snyder, & S. Lopez, Handbook of Positive Psychology. New York : Oxford University Press.

Freedman, J., & Combs, G. (1996). *Narrative therapy: The social construction of preferred realities.* New York: W. W. Norton & Company.

Gergen, K. J. (1990). Therapeutic professions and the diffusion of deficit. *The Journal of Mind and Behavior, 11*(3), 353-368 .

King, L. A. (2001). The health benefits of writing about life goals. *Personality and Social Psychology Bulletin, 27*(7), 798-807.

Lyubomirsky, S. (2007). *The how of happiness: A scientific approach to getting the life you want.* New York: Penguin Press HC.

Miller, C. A., & Frisch, M. B. (2009). *Creating your best life: The ultimate life list guide.* New York: Sterling.

Seligman, M. E. (2009). Closing Plenary 1st World Conference on Positive Psychology. Philadelphia: PA.

Seligman, M. E., & Csikszentmihalyi, M. (2000). Positive psychology: An introduction. *American Psychologist, 55*(1), 5-14.

Vaillant, G. (2002). *Aging well: Surprising guideposts to a happier life from the Landmark Harvard Study of Adult Development.* Boston: Little, Brown and Company.

White, M. (2007). *Maps of narrative practice.* New York: W.W. Norton & Company.

White, M. (2004). *Narrative practice and exotic lives: Resurrecting diversity in everyday life.* Adelaide, South Australia: Dulwich Centre Publications.

Yates, J., & Masten, A. (2004). *Fostering the future: Resilience theory and the practice of positive psychology.* In P. A. Linley, & S. Joseph, Positive psychology in practice (pp. 521-539). Hoboken, NJ: John Wiley & Sons.

POSITIVE
IDENTITIES

第 3 周

PERMA 与生活中的积极性

主编导读

本书一再强调，你的内心如何与自己对话，可能会给你带来负面的问题，也可能帮你产生积极的解决方案。塔拉戈娜博士以发人深省的例子启发我们，让我们了解如何有建设性地重写自己人生的剧本。将人生剧本改写成一个正向的故事后，我们便可以通过建立新的积极性来获得充实与快乐。

在第 3 周的内容里，作者介绍了积极心理学的核心理论，并将其与叙事方法相结合。

本周首先介绍了积极心理学的幸福理论，即马丁·塞利格曼教授提出的 PERMA 模型，然后着重介绍了 PERMA 中的 P——积极情绪。

本书交叉使用积极情绪（positive emotions）和积极性（positivity）两个词，虽然这两个词有一定的区别，但本书不是严格的学术研究专著，大家不必去深究这两个词之间精细的区别。本周所讨论的 10 种积极状态，大家可以理解为 10 种（类）积极情绪。

本书中提到的 10 种积极情绪，与本书系中其他书提到的 10 种积极情绪略有差别。比如，其他书中可能提到，其中一类积极情绪是乐观，而本书中则主要讲的是希望。原因是，这 10 种积极情绪中的每一种实际上都是若干相近情绪的集结，比如，"喜悦"类中包括了"快乐"，"崇敬"类中包括了"敬畏"和"敬佩"，乐观和希望这两个有一定区别的概念，因为都涉及对未来的积极看法，被归为一大类。请大家在阅读关于积极情绪的书籍时，对这方面的问题有所知晓。

本书系中的《快乐有方法》是一本详细介绍积极情绪和幸福感的书籍，该书的作者索尼娅·柳博米尔斯基主要从快乐（happiness）的角度介绍了积极情绪，而本书则着重介绍了芭芭拉·弗雷德里克森（Barbara Fredrickson）从积极性的角度讨论的积极情绪。这两位女性学者是积极心理学界研究积极情绪最著名的两位研究者，建议读者朋友们将她们的研究成果结合起来学习，这有助于加深对积极情绪的理解。

　　读完本周内容，这 6 周的学习就完成了一半。本书一再强调，你的叙述、你告诉自己的关于自身的故事，会影响你生活的方方面面，包括你如何思考、感受以及与他人的关系。例如，如果你现在告诉自己，你没有耐心完成本书的练习，那你可能就真会变得没有耐心，而当你开始专注于以一种新的方式看待自己时，你的新的现实会帮助你挑战此前所持有的观念。比如，你可以数一数自己在学习本书过程中的那些认真、有耐心的时刻，记下这些时刻，或者与人谈论自己耐心、认真学习的经历。当你这样做的时候，你可能会意识到，自己还是可以认真学习的，并因此而感谢自己的耐心。这种新的自我对话，将会为你重新书写自律、耐心、积极向上的自我新篇章。

　　加油！

本周我们将谈谈马丁·塞利格曼博士提出的关于幸福的新理论和5个元素，总结起来可缩写为 PERMA。在本书的后 4 周，我们将讨论每一个元素。在本周中，我们将特别关注"P"元素，即"积极情绪"（positive emotions）以及它们在你的生活中扮演的角色。通过不同的练习，请你仔细体会不同的积极情绪并了解如何培养它们以提高你的幸福感。

幸福感的新理论

积极心理学的创始人之一马丁·塞利格曼博士在作品《持续的幸福：快乐与幸福的新视野》（*Flourish: A Visionary New Understanding of Happiness and Well-Being*）中提炼了他从前对快乐（happiness）的观点，现在他更倾向于使用"幸福"（well-being）这个词，因为快乐通常只与欢快和感觉良好相关联，这有些简化了积极心理学研究。塞利格曼（2011）解释说，积极心理学不只是研究快乐的感觉，它的目标是要理解我们是如何作出选择的。

我们通常选择让我们感觉良好的东西，但我们也会选择那些可能令人不快但有其他价值的东西。例如，去看电影比待在家里为期末考试而学习更令人愉悦，但通过考试可能与我们的目标和对未来的梦想相关联，它也可能是我们对自己或家人作出的承诺的一部分，所以我们选择待在家里学习，而不是享受电影和爆米花。

根据塞利格曼的定义，幸福是一个复合概念（而非一个单一的、具体的"东西"），是由几个可测量的元素组成的。这些元素是：积极情绪、投入（engagement）、积极的人际关系 (positive relationships)、意义 (meaning) 和成就（accomplishment）。"PERMA"这个缩写可以帮助我们记住它们是什么。每个元素都很重要，它们都是幸福的指标。

积极情绪

你能识别最近感到充满热忱的时刻吗？这个星期有多少敬畏的经历？你上次有真正的感激的感受是什么时候？今天是什么让你最快乐？这些类似的问题，都是芭芭拉·弗雷德里克森博士为了帮助人们探索其积极情绪以及积极态度而开发出来的。

弗雷德里克森博士是一位心理学家，也是北卡罗来纳大学教堂山分校的教授。她在积极心理学研究方面是全球领先的研究者之一，她的专长是研究感受、情绪的生理机制以及幸福感。

人们凭直觉把情绪归类为消极的或积极的。尽管它们都在人类情绪范围之内，可以说，我们需要体验并全部接受它们。然而，我们通常喜欢浓烈的、愉悦的、激励的或充满爱的感觉，通常不喜欢愤怒的、悲伤的、焦虑的或反感的感觉。

心理学家研究情绪已经超过一个世纪了，但此前，他们只集中于对消极情绪的研究，尤其是抑郁、愤怒和焦虑。弗雷德里克森解释说，研究人员对消极情绪在人类作为一个物种的进化过程中所发挥的作用已达成了共识。恐惧、愤怒和焦虑如同警报，让我们准备面对危险。它们是著名的"战斗或者逃跑反应"（fight or flight reaction）的核心部分。

想象一下，我们的一个生活在新石器时代洞穴中的祖先正在洞外冒险，突然一只老虎跑过来，这时他有两个选择：要么打老虎，要么尽快跑——"战斗或者逃跑"。尽管我们在当今的城市生活中很少碰到野生动物，但我们的身体并没有太大的改变。生理上，我们的反应跟在遥远的新石器时代的亲戚大体是一致的。

有趣的是，正如弗雷德里克森所指出的，这些消极情绪有非常明确的身体特征，如血压升高、出汗和体温变化，但愉快的情绪一般不会有明显的生理特征。对积极的情绪我们知道得不多，多年来几乎没有人研究过。弗雷德里克森想知道，积极情绪是否在某些方面也是有用的，她的研究结果令人惊讶。

弗雷德里克森博士和她的团队已经设计出巧妙的方法来唤起实验对

象的积极情绪。例如，在实验对象到达实验室后，研究者向他们展示一个有趣的视频，或者给他们一个巧克力或小礼物，之后他们被要求完成一些测试。弗雷德里克森发现，当人们处于积极情绪时，短时记忆和注意集中度提升，他们的口语表现更好，对新信息更为开放。数据显示，积极的情绪有助于提升视觉注意力和言语创造力，如果学生们在考试前处于积极的情绪，他们在标准化测试中会有更高的得分。

一项实验发现，在对患者进行临床检查前，处于积极情绪中的医生们不太可能过早得出诊断结论，而是会更好地整合临床探究的信息；对商界人士的研究表明，处于积极情绪中的管理者在决策过程时更谨慎和精确，与人交流更有效；其他对工作场所的研究也表明，有积极情绪的人在谈判桌上会取得更好的结果。弗雷德里克森还发现，这类效果不只是在美国或西方国家有所体现，在不同的文化中都很常见，如印度和日本。

根据对积极情绪和认知功能之间关系的大量研究，弗雷德里克森相信积极的情绪在人类进化的过程中有一定的作用。积极情绪鼓励人们去探索环境，让人们对信息更加开放，能更好地学习以及尝试、创造和建设。为此，她将自己的理论称为"拓展与建构"理论。

许多研究显示积极情绪对人是有益的。从长远来看，拥有积极情绪的人比较满意自己的生活、有更好的夫妻关系和更好的工作，甚至更长寿（Harker & Keltner，2001；Danner et al.，2001）。

你也许会疑惑，这是先有鸡还是先有蛋？是因为他们有更好的工作或更好的婚姻而产生了更加积极的情绪，还是因为他们有了更积极的情绪而后有了更好的生活？纵向研究使用的统计方法和数据（不同时期追踪研究同一组人）让我们看到了两者关系的方向：积极的情绪预测了成功、满意度和长寿。

弗雷德里克森博士（2009）的研究谈论的不只是积极情绪，还有"积极性"（positivity），其中包括积极的态度和想法。她发现，有10种类型的积极性被广泛地认可，是最经常被人们报告的。你能发现它们是什么吗？

"积极的情绪预测了成功、满意度和长寿。"

有 10 个代表 10 种积极性的词汇隐藏在这个智力游戏中。请找到它们并把它们画出来或写下来。

```
Q  F  T  T  E  I  H  B  E  O  S  C
E  A  T  J  M  R  O  G  I  F  E  O
N  E  F  I  O  I  P  R  Q  W  R  D
E  O  H  A  I  Y  E  A  A  L  E  F
I  N  S  P  I  R  A  T  I  O  N  S
F  I  A  T  V  F  M  I  O  V  I  U
N  T  S  L  R  D  W  T  E  E  T  C
I  F  N  S  E  I  E  U  S  E  Y  R
R  C  U  D  E  Y  V  D  I  S  B  U
T  A  I  N  T  E  R  E  S  T  K  G
D  R  M  N  S  I  W  L  L  Y  E  S
P  P  G  L  D  A  E  H  G  S  C  C
```

_____   _____

_____   _____

_____   _____

_____   _____

嗯……如果这太难了，请看下面的答案❶。

弗雷德里克森（2009）所说的积极性的种类是：喜悦、感恩、宁静、兴趣、希望、自豪、乐趣、激励、敬畏和爱。她对每种积极状态的解释如下。

喜悦 当事情进展顺利，甚至好于预期，而且不需要太多的努力时，我们会感到喜悦。喜悦让你想要体验、玩乐和参与一切。

感恩 当我们收到礼物时，我们会十分感激。它使我们想要回报，为别人做一件好事。感恩有点类似于喜悦和感激的混合物。

宁静 宁静类似于喜悦，是不需要我们努力而具有的安全感，但它比喜悦更为平静。弗雷德里克森说："宁静使我们想要停下来回味我们的人生经历。"

兴趣 兴趣并不是毫不费力的，而是让你想要探索你的发现。弗雷德里克森说："你感到开放、充满活力，兴趣带你去探索、吸收新的思想并学习更多的知识。"

希望 希望存在于当事情不顺利或我们面临不确定的事情的时候。根据弗雷德里克森的说法，希望是相信事情会变得更好，一切都有可能。希望使我们不会陷入绝望，并促使我们利用各种资源来扭转乾坤。它激

---

❶ 答案：喜悦、感恩、宁静、兴趣、希望、自豪、乐趣、激励、敬畏、爱（joy, gratitude, serenity, interest, hope, pride, fun, inspiration, awe, love）。

励我们规划一个美好的未来。

自豪 自豪过度可能成为自负。但是，当它具体而不过分时，它显然是一种积极的情感。当我们负责一项需要努力和技巧的事情并取得成就时，我们会感到自豪，还希望与他人分享。自豪会使你想做更多。

乐趣 乐趣发生于当事情让我们感到惊喜时。当不协调的情景并不危险时，就很有趣。有趣的事情让我们想大笑，想要与他人分享快乐。

激励 激励是我们正在走向杰出的感觉，这种感觉鼓励了我们，使我们想要变得更好，并且发挥自己的最大潜能。

敬畏 敬畏类似于激励，但当我们被规模更大的美丽和卓越征服时，我们有崇敬的感觉，比如大自然的美景。弗雷德里克森认为，敬畏让我们觉得自己是比自身大得多的东西的一部分。

爱 弗雷德里克森认为，爱包含其他所有的积极情感：喜悦、感恩、宁静、兴趣、希望、自豪、乐趣、激励和敬畏。当我们在某种关系中有了这些情感时，我们称之为爱。

3.2 练习：许下一个心愿

今天，如果一个"积极的仙女教母"现身并对你说："这10种积极情绪中，我会满足你其中一种，让你这个星期尽可能多地拥有这种感觉。"你会选哪一个？**请圈出你的选择：**

喜悦　感恩　宁静　兴趣　希望　自豪　乐趣　激励　敬畏　爱

仙女教母很乐意满足你的＿＿＿＿＿＿＿＿＿＿（选择一种积极情绪），但她因为好奇，首先要问你一些问题。

● 这次你为什么选择＿＿＿＿＿＿＿＿＿＿（写下你圈出的积极情绪）？

● 你对＿＿＿＿＿＿＿＿＿这种感觉有多熟悉？

- 能说说你最近一次体验到这种感觉时的情景吗？

- 它对你的日常活动有什么影响吗？

- 它对你的人际关系有什么影响吗？

- 它对你的未来计划有什么影响吗?

- 它对你的自我感觉有什么影响吗?

- 如果你可以咨询这种感觉的专家,以便在你的生活中有更多的这种情绪体验,那个专家会是谁?

- 你觉得此人会给你什么样的建议?

回答完这些问题，你有什么样的想法和感受?

关于积极情绪的研究，弗雷德里克森（2009）总结了有数千人参与的 300 多个研究的结果。数据显示，积极性对我们的生活有以下益处：

- 建立良好的心理优势，如乐观、韧性、接纳、开放性和使命感；

- 培养良好的心理习惯，如坚毅、专注、正念以及用不同的方法达成目标和解决问题的能力；

- 构建社会关系，积极性有传染性，它会增强人与人之间的纽带关系以及让我们变得更有魅力；

- 是身体健康的基础。积极性与较少的身体病理症状相关，它会降低压力激素的水平，提高生长激素和孕酮的水平（通过一些关系提高荷尔蒙水平），也提高了我们的多巴胺水平，刺激免疫系统并减轻由压力引起的炎症。

阅读了关于积极性的所有优点之后，你可能会想到自己的积极性。让我们通过下面的练习来了解更详细的信息。

3.4 练习：自己动手

这个练习没有仙女教母。但是请想象一下，你被提供了空间和资源来创造一些条件，这些条件将保证你今天体验 10 种积极情绪中的一种。

1. 圈选出一种积极情绪

    喜悦 感恩 宁静 兴趣 希望 自豪 乐趣 激励 敬畏 爱

2. 为了让你很肯定地体验＿＿＿＿＿＿＿（你选择的积极情绪），请回答下列问题。

● 经历这种情绪时，你可能会在哪里呢？

● 你会参与什么样的活动呢？

- 你会和谁一起度过呢？

- 你会听音乐吗？如果会，是什么音乐呢？

- 你会阅读吗？如果会，你会读什么呢？

- 你会看电影或电视节目吗？如果会，你会看什么呢？

- 对于获得或体验_____（你选择的积极情绪），你的"秘方"是什么？

3.5 思考

- 本周结束时，你是怎样看待和评估你的积极性水平的？

- 你在本周学到了很有趣的东西吗？

- 你有没有找到你的积极情绪和消极情绪的模式？

- 你有其他想说的吗？

我们可以提高我们的积极性水平吗？弗雷德里克森认为可以。在《积极情绪的力量》（*Positivity*）一书中，她提供了很多关于如何做到这一点的建议，其中包括：

- 找出有积极意义的经历；

- 享受美好的事物；

- 心存感激以及"清点我们领受的恩惠"；

- 了解我们对什么充满激情并且去做这些事；

- 梦想着未来；

- 运用我们的长处；

- 与他人保持联结；

- 亲近大自然；

- 开放我们的思想；

- 打开我们的心灵。

在以下几周，我们将讨论其中的几个主题，比如与他人保持联结和运用我们的长处。

繁盛人生

塞利格曼与弗雷德里克森等学者对"人类的繁盛"（human flourishing）很感兴趣。这个术语是指人们以仁慈、创造力和适应力为基础的优化运作。繁盛不仅是没有病痛，它还包括积极的功能。

有些人没有生机、日渐憔悴，他们觉得自己的生活是空虚的。而那些生机勃勃的人无论是心理层面还是社会层面，都体验到了非凡的幸福水平。有趣的是，他们也倾向于为他人做好事，与家人保持密切的关系并且喜欢自己的工作，他们有目标感，也乐于与他人分享和庆祝美好的事情（Fredrickson，2009）。

值得注意的是，幸福不只是心理因素，它在很大程度上取决于经济发展、社会机构的运作和社区生活。有很多研究比较了不同国家和地区人们的幸福水平，结果显示，生活在发达国家、民主国家、令人感到安全的地方以及有政府照管的人们往往会更快乐、更满意自己的生活。

经济和心理幸福感之间的关系是复杂的。埃德·迪纳和罗伯特·比斯瓦斯 - 迪纳在对这个课题做过许多研究后，认为金钱可以买到某种程度的幸福，因为更富裕的人往往更满意自己的生活，发达国家的人们往往比贫穷国家的人们更幸福。不过，研究者指出，这个平均值并不适用于每一个人，有一些非常贫穷的人也很开心，而一些百万富翁却并不快乐。研究表明，拥有更多的钱会给人的幸福水平带来适度的改善，当你拥有的财产很少时，收入的增加会大幅提高你的幸福水平；而当你很富有时，有更多的钱只会略微增加你的幸福感。两位迪纳博士解释说，比起绝对收入，我们对物质财富的期望和态度对我们的幸福感影响更大。他们的结论是，有钱在一般情况下有益于幸福，但如果对金钱太贪婪，那就是幸福的毒素了。

"繁盛，不仅是没有病痛，它还包括积极的功能。"

3.6 练习：研究你的快乐水平和幸福感

衡量生活满意度、快乐和幸福感的方法有很多，很多机构都在研究这些问题。丹·巴特纳（Dan Buettner）在他的书《去最幸福的国度找幸福》（*Thrive*）中提到以下几种研究：

- 世界幸福数据库（World Data Base of Happiness）

- 世界价值观调查（World Value Survey）

- 盖洛普世界民意调查（Gallup World Poll）

- 拉美晴雨表民意调查（Latinobarómetro）

- 欧洲晴雨表民意调查（Eurobarómetro）

当几分钟的研究员，浏览这些网站，写下你的一些反应。什么让你惊讶？什么不让你惊讶？什么引起了你的好奇？

塞利格曼在他的书《持续的幸福》中提出了积极心理学的愿景：到 2051 年，世界人口的 51％ 将实现繁盛。他认为，当人们繁盛、幸福时，生产力与和平就会随之而来。对此，你怎么看？

第 3 周的对话练习

请和一个朋友或对话伙伴，谈一谈 PERMA 和幸福的元素，特别是你对积极性的想法。分享你的回答和问题。

参考文献

Buettner, D. (2010). *Thrive: Finding happiness the blue zones way.* Washington, D.C.: National Geographic Society.

Danner, D. D., Snowdon, D. A., & Friesen, W. (2001). Positive emotions in early life and longevity: Findings from the nun study. *Journal of Personality and Social Psychology, 80*, 804-813.

Diener, E., & Biswas-Diener, R. (2008). *Happiness unlocking the mysteries of psychologucal wealth.* Malden MA: Blackwell.

Fredrickson, B. L., & Losada, M. F. (2005). Positive affect and the complex dynamics of human flourishing. *American Psychologist, 60*, 678-686.

Fredrickson, B. (2009). *Positivity: Groundbreaking research reveals how to embrace the hidden strength of positive emotions, overcome negativity, and thrive.* New York: Crown.

Fredrickson, B. (2003). The value of positive emotions: The emerging science of positive psychology is coming to understand why it's good to feel good. *American Scientist, 91.*

Gottman, J., & Silver, N. (1999). *The seven principles for making marriage work: A practical guide from the country's foremost relationship expert.* New York: Three Rivers Press.

Harker, L., & Keltner, D. (2001). Expression of positive emotion in women's college yearbook pictures and their relationship to personality and life outcomes across adult-hood. *Journal of Personality and Social Psychology, 80,* 112-124.

Seligman, M. E. (2011). *Flourish: A visionary new understanding of happiness and well-being.* New York, NY: Free Press.

POSITIVE
IDENTITIES

第 4 周

投入

主编导读

本周主要有两部分内容：投入（福流）以及品格优势与美德。

上一周介绍了塞利格曼教授关于幸福的 PERMA 理论。实际上，塞利格曼的幸福理论，除了 PERMA 这五大元素外，还有一个 V（VIA），就是品格优势与美德。如果将幸福比作一座大厦，PERMA 就是支撑起幸福大厦的五大支柱，而 VIA 则是幸福大厦的地基。品格优势与美德和 PERMA——积极情绪、投入、积极的关系、意义和成就——都是有关联的。

在 PERMA 的五大元素中，本周介绍的是 E——投入，其中主要介绍的是"福流"（flow）。福流，也被称为"心流"。福流是清华大学社会科学学院院长彭凯平教授的译法，我更喜欢彭教授的译法——福流，音和义均与 flow 相符，是一个很传神的翻译。

米哈里·契克森米哈伊教授对福流这一理论的阐释更是传神。福流体验不仅让我们感觉愉悦，而且有助于我们把事情做好。因此，无论是希望自己更快乐还是更成功，我们都应努力多获得一些福流体验。

本书第 2 周谈到，要"加厚"我们的故事。那么到底该怎么做才能加厚我们人生故事的内涵呢？本周提供了一个方向：发现你的品格优势与美德，然后运用它们重写你选择增强或消除的自我身份。塔拉戈娜博士通过简洁的示例向我们展示了如何运用优势来重写我们的人生剧本。本周的练习既神奇又开阔眼界：图形、图表、大纲，都会为你的学习旅程增添很多的乐趣。

相信你在本周的学习中将会福流满满！

马丁·塞利格曼博士（2011，2002）认为，人们幸福的支柱之一，是他们对生活的积极投入。投入意味着人们积极地将自己的技能和长处运用到工作和家庭生活中。这一周，你将探索你的特殊技能和最佳体验，或称"福流"（flow）体验。你也将去发现或探讨你的品格优势，看看这些是否有助于你找到"你是谁"的感觉。

福流体验

米哈里·契克森米哈伊博士是积极心理学的创始人之一，也是克莱蒙特大学的教授。40多年来，他一直研究人的体验——他们在日常生活中做什么、想什么和感受什么。他还研究了幸福感、创造力和"自我"概念的发展。契克森米哈伊最重要的贡献之一是提出了"福流体验"：当我们做需要集中全部注意力、具有挑战性以及要求我们使用和发展技能的活动时，我们"处于福流状态"（in flow）。当我们处于福流状态时，我们会专注并且全力投入我们正在做的事情。当时，我们的情绪状态通常是中性的，但之后我们会感到满意、心情很好，并具有较强的自尊感（Wells，1998）。契克森米哈伊发现，从长远来看，我们的福流体验越多，就越会对生活感到快乐和满足。

4.1 练习：你最近的福流体验

想想近来当你在做某件事时：

- 你忘记了时间；
- 你全心全意地专注于该项活动；
- 你没有意识到自己正在这样做。

写下这种情况的 3 个实例。

1.

2.

3.

现在想一想从事每项活动所用的技能。请至少写下一种技能，在使用它时你往往会有福流体验。例如，你教授一堂课时的福流体验，相应的技能可能包括推论能力或清晰地总结和传达观点的能力；如果你跳舞时会有福流体验，你的技能可能是知道怎么做摇摆、嘻哈的动作或有节奏感等。

1.

2.

3.

有趣的是，福流体验是多种多样的。人们的福流体验可能发生在很多不同的场合，如画画、下棋、编织、做饭、跑步、游泳、写小说、解决数学难题、修理汽车、做填字游戏、玩纸牌、仰望星空或在显微镜下观察细胞。我们能想到的几乎所有活动都可以是福流体验的来源。但是，让你有福流体验的某些事对其他人来说可能是乏味的或非常困难的。

契克森米哈伊发现，尽管人们产生福流体验的"东西"是非常不同的，但产生福流的"方式"似乎是一致的。他基于世界各地的数千人的研究资料显示，一些特定的条件是拥有福流体验所必需的。

1. 明确的目标

知道我们要在一项活动中达到什么目标是非常重要的。例如，我们打篮球的目标是把球投进篮筐里；如果是烤蛋糕，我们需要把它做成特定的形状和味道；当外科医生切开一个刀口时，她知道自己将要做什么样的手术。想象一下，你与其他两个人坐在一张桌子旁，给你们一副扑克牌，但只有一条指令："玩。"你认为你会有福流体验吗？你可能会感到困惑和沮丧。没准儿你会问："玩什么？"你需要知道你将要玩什么样的游戏以及其目标和规则，然后，也许你可以玩起来并享受游戏。

2. 及时的反馈

当一项活动为我们提供了及时的反馈时，我们更可能有福流体验。例如，厨师在做炖菜时会不时尝尝味道，发现盐不够的话会加点盐；高尔夫球手打出一杆球后，被及时指出球打得太远或球没有进洞，这样他会调整下一杆的打法；如果船偏向一边，水手能感觉到，而后他会及时作出一些调整。一个活动中我们越早得到反馈，我们就越有可能继续做下去。

3. 挑战与技能的比例适当

这可能是获得福流体验最重要的条件：我们参与一项活动所拥有的技能与活动挑战性的关系。试想一下，你是一名普通的网球运动员，过去 5 年你几乎每个周末都打球，你的网球搭档跟你打球的水平差不多，当你和他打球时，你常常忘了时间，总是很享受打球的时光。再想象一下，如果你和你的搭档有机会和世界顶尖的网球运动员拉菲尔·纳达尔（Rafael Nadal）打一场球，你的感受如何？或者，如果你姐姐请你跟她 6 岁的儿子打一场比赛，这个比赛会是什么样子呢？契克森米哈伊发现，如果一项活动太容易了（没有足够的挑战性），我们往往会感到无聊，而如果它太难（太具有挑战性），我们会变得焦虑不安。当技能与挑战性的组合"恰到好处"时，我们可能会获得福流体验。当我们有中等到高等水平的技能来面对中等到高等水平的挑战时，这种体验就会发生。

4. 全神贯注

这也是福流体验的关键特征。当我们全神贯注于我们正在做的事时，我们会感觉自己与活动是一体的，不会有自我意识，也不会评判自己的

表现（我们可能会在之后评估结果，而不是当时）。契克森米哈伊引用
"extasis"一词来形容福流体验，这个词在希腊语中的意思是"让开、在
一旁"（stepping aside），从这个意义上说，处于福流状态的人如同脱离
了"自我"，完全融入所做的事情中。

5. 沉浸在当下

这个条件与上述的"全神贯注"是密切相关的。当我们全身心投入
一项活动时，我们不能分心去想过去或未来，我们必须完全投身在此刻。
想象一下，当一名钢琴家在弹奏一曲协奏曲时，开始考虑下一场演奏会
或上周做了什么，他肯定会弹错音符，也不能与乐团同步。

6. 扭曲的时间知觉

如果必须用一个短语来描述福流体验的话，大多数人可能会说，"感
受到时间知觉的扭曲"。当我们体验福流时，时间似乎过得很快（俗话说，
"快乐的时光总是短暂的"）。你有过这种经历吗？你专心于做某件事，当
你看时钟时，都不敢相信已经这么晚了。在某些情况下，处于福流状态
时的时间似乎走得很慢，但这种情况比时间飞逝少见得多。

7. 明显轻松的操作

当我们体验福流时，我们没有投入太多的精力去操控活动。似乎是
活动自己在进行着，或者说我们在协调地配合活动。上台表演前，舞者
通常要排练好几个月，但当他们走上舞台时，他们可能会觉得芭蕾舞步
自动地跳了起来。同理，足球运动员需要花费很长时间一遍又一遍地训

练走位，但在比赛时，他们可能会体验福流的感觉，觉得走位在自然而然地进行。你听说过"练习，练习，再练习，然后顺其自然"这句话吗？我认为它抓住了福流体验的重要部分。你需要排练和反复地做某件事，从而培养必要的技能，然后当你真正参与活动时，你就会按照要求，以独特的方式将技能自然而然地表现出来。

契克森米哈伊博士绘制了示意图，以说明不同水平的技能和挑战是如何与不同的情绪和思想状态相关联的，如图 4-1 所示。

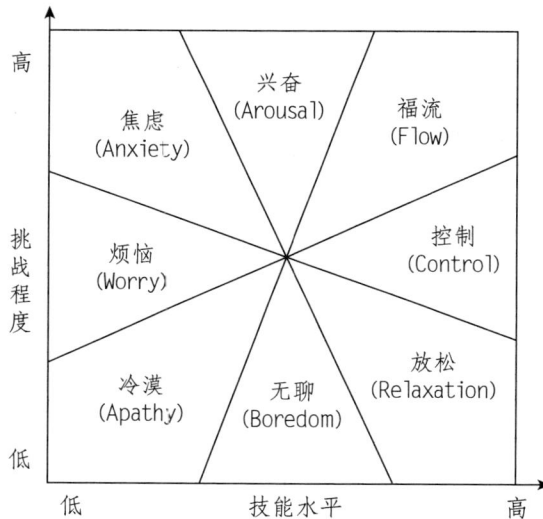

图 4-1　随技能和挑战而变化的体验

想了解怎样将这个框架应用于自己的生活，请完成以下练习。

术语"最佳体验"（optimal experience）是"福流"的同义词。一次最佳体验就是一次福流体验。一次非最佳体验，可以是上图中其他任何象限的体验，例如，可能是当你感到无聊、焦虑时的体验。

非最佳体验

回顾过去几个星期，选一个让你感到焦虑或无聊的时刻，把它写下来。

- 当时你在做什么？

- 当时你在哪里？

- 当时你和谁在一起？

- 这项活动对你来说有多大的挑战性？

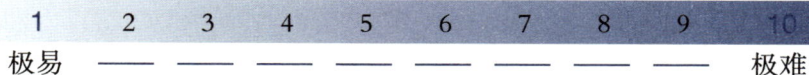

1	2	3	4	5	6	7	8	9	10
极易									极难

- 你觉得自己掌握了多少这项活动所需的技能？

1	2	3	4	5	6	7	8	9	10
无技能									很多技能

最佳体验

现在想想过去几个星期你体验到福流的时刻，你全身心投入做事，也许忘了时间。把当时的经历写下来。

- 当时你在做什么？

- 当时你在哪里？

- 当时你和谁在一起？

- 这项活动对你来说有多大的挑战性？

1	2	3	4	5	6	7	8	9	10

极易 ——————————————————— 极难

- 你觉得自己掌握了多少这项活动所需的技能？

1	2	3	4	5	6	7	8	9	10

无技能 ——————————————————— 很多技能

在审视了你的一些最佳体验和非最佳体验后，你有什么想法?

　　研究人员认为，了解给人带来最佳体验的活动是非常重要的，我们可以有目的地创造福流体验。

　　福流体验的一个有趣的方面是，它不是一成不变的，它是一个动态的过程。当你的技能达到一定水平时，你可能会有一段时间的福流体验，但如果你的技能提高了而挑战性没有增加，这种体验就会改变。如果你正在学习弹钢琴，刚开始时，甚至一个简单的曲子对你来说都具有挑战性，你可能会感到焦虑。一旦学会了，每次弹琴时你都会有福流体验，这种感觉可能持续几个星期。过了一段时间，你的钢琴演奏技术提高了，再弹这首曲子可能会变得乏味。你需要更难的曲子，再次经历由难变易的福流体验，如此反复。为了有福流体验，我们需要不断调整我们的技能水平和我们面临的挑战。

　　契克森米哈伊（1997）指出，人们不可能一直处于福流状态。我们都需要做一些没那么刺激或没那么喜欢的事情。当我们面对不容易做的或准备不充分的任务时，我们常感到压力。我们必须睡觉，还要为自己和家庭做一些日常事务。不过，很多人在他们的生活中仍会有福流体验。盖洛普公司（Gallup Organization）的研究报告指出，在欧洲和美国，大约20%的成年人说他（她）从来没有过福流体验，另外20%的人说他们每天都有这种体验。大多数人——在60%~70%——偶尔有福流体验（从每周一次到每几个月一次不等）。如果你也参与这项调查，你报告的福流体验的频率是多少？契克森米哈伊请我们问问自己：知道了我是什么样的人、我的兴趣和技能，那么对我来说，最有意义且能让我体验福流的活动是什么？

我见过很多人，当回想生活中的福流体验时，他们有点怀旧。他们通常说，"我以前很喜欢弹吉他，但现在没有时间了""我很擅长学一门新语言，但是因为工作的关系，我停止了学习"，或者"我以前真的很喜欢画画，但我认为现在还画的话，显得很幼稚"。

"福流体验是一个动态的过程。"

● 请沿着记忆的路径来一场"旅行"吧，尽量回忆你人生不同阶段的福流体验。当你还是个孩子时，当你在少年或青年时期时，是什么活动让你非常投入？是什么让你忘记了时间且感觉良好？

● 这里有一条时间线，可以帮助你回忆早期的一些福流体验。你不必填写每一个年龄段，只需填写那些鲜明生动地浮现在你脑海中的活动就可以了。

生活阶段	有福流体验的活动
童年	
少年	
青年	
成年	
中年	
中老年	
老年	

4.5 思考

做完这个练习后，你有什么想法和感受?

让我与你分享一下爱德华多的故事。他曾找我咨询，因为他感觉他自己对生活已经失去了热情。当时他面临着很多问题：他的父母老了，身体不好，他自己的身体也有一些轻微的问题；他对现在的工作不太满意，他很早就退休了，之后兼职做了一个小生意，他很喜欢做自己的老板，但又觉得很孤独和无聊；他并不觉得这个生意有任何挑战性，因为做小生意很简单，可以不用管它；他觉得以前的工作更有趣，他与同事的关系融洽，经常参加社交活动。由于他经常说到心情烦闷，我让他写下一系列给他带来过满足感的人生经历。

在我们的第二次咨询中，我们看了爱德华多的人生经历清单，清单上的第一个项目是如此迷人，以至于我们花了整整一个小时谈论它。第一个项目是：建造我的"东方城市"。他解释说，当他还是一个小男孩的时候，他跟家人住在一个小城镇，这个小城镇有一个瓷砖厂，他父亲在那儿上班。他们家没有多少钱去买玩具，但在工厂附近有些小片瓷砖，他喜欢收集这些瓷砖，并用它们来搭建东西。在他 10 岁左右时，他决定要建造一座"东方城市"，里面有宝塔、寺庙以及现代建筑，就像他在电影和书中看到的一样。每天放学后，爱德华多都在搭建他的"城市"。"我搭呀搭，几乎每天晚上都是我妈叫我吃晚饭时我才发现时间到了，我简直不敢相信一整个下午都过去了。每当我做这件事时，我就会忘了时间。"

这座"城市"建得如此漂亮，而且建得如此之大，以至于他的父母慷慨地让他把客厅的家具搬走，这样"城市"就可以扩建了。不久，镇上其他的孩子得知了这件事并来他家欣赏这座"城市"，他的父母也很亲切地让他们来参观。

当爱德华多回忆起他的整个下午是如何度过的以及他都没有意识到时间的流逝时，我发现这正是福流体验。我问他是否听说过这个概念，他说没有，但他想知道，所以我画了类似于你之前看到的那个图。爱德华多似乎很感兴趣，当时我办公室正好有一本《寻找福流》（*Finding Flow*）的书，就借给了他，他把书带回了家。

接下来的一周，爱德华多说，这本书帮助他意识到他过去有许多福流体验，但现在不再有了。爱德华多说他研究了他所列的令人满意的 21 个经历，发现它们有一种共同的模式。许多曾让他感觉非常好的事件都与建筑、创造和修理东西有关。他还记得他和他的好朋友修理旧汽车，要弄明白怎样修理、刷油漆和装饰它们是有趣和有挑战性的。少年时，他收集和修理废弃的自行车，使它们能重新使用。大学期间，他创立了一个学生组织。成年时，他重建了他和家人住的房子。他童年时搭建的"东方城市"就是他热爱建筑和创造的最生动的例子。

基于此，我们讨论了可以让他有更多福流体验的方式，并让他再次开始"建造"。他决定通过给客户提供维修服务以及自己动手修理来让他的生意更有趣。他也采取了其他的措施更多地参与社交和家庭生活。几次面谈后，他觉得他对生活的热情又回来了（Tarragona，2008）。

　　当想到早期的福流体验时，很多人都希望他们能找回童年或青少年时期的这些活动和技能。戴维·艾普斯顿是最重要的叙事法实践者和作者之一，他开发了一个访谈来探讨童年或青少年时期的一些特殊的技能。4.6 练习和 4.7 练习是这个练习的改编。如果有可能的话，请跟朋友一起做，互相采访。如果你想独自做这个练习，那么给自己提这些问题，然后写下答案。

"福流体验可以增加我们对生活的热情。"

● 当你 9 岁、12 岁或 16 岁时，你有什么特殊的技能吗？（可以选择一个年龄）

● 这些技能给你带来了什么样的快乐和满足？

● 你还记得一个了解你并真正欣赏你的这些技能的成年人（母亲、父亲、叔叔、阿姨、祖父母或外祖父母、老师等）吗？

---

❶ 改编自艾普斯顿（1997）的研究。

● 这个成年人是如何表示他（她）知道你的这些技能的？

● 现在的你，如果面对 _____ 岁的自己，你可能会说什么或做什么来表明你欣赏这些技能？

● 你继续培养或发展了这些技能吗？如果是，你是怎么做的？这些经过长期培养的技能对你的自我意识（我是谁）有影响吗？

● 你是否还记得在你生命中的某个时刻曾经压抑或放弃过某些技能？如果有，是怎样发生的？没有了这些技能对你的生活有影响吗？

● 作为一个成年人，你有没有考虑过重新获取其中任何一个技能？如果有，你如何开始呢？为什么这对你很重要？

做完这个访谈后，你的想法和感受是什么？

福流体验很少会突然发生，大多数时候，我们必须培养它们。我们不能保证某些事情会给我们带来福流体验，但我们可以创造使之变成可能的条件。我们可以做一些使我们的生活有更多福流体验的事情。

1. 学会集中和控制我们的注意力。对我们所做的一切事情，即使是日常活动，都尽可能地专注（Csikszentmihalyi，1997）。

2. 坚持写一两个星期的日记，记录我们所做的一切。如果我们还能记下一天当中以及一天结束时的感受，是很有帮助的。这样做可以帮助我们看清与我们精神状态相关的某些活动、场所和人员是否存在一定的模式（Csikszentmihalyi，1997）。

3. 认真地对待我们的闲暇时间。契克森米哈伊博士强调，让我们有更多福流体验的方法之一，是像对待我们的工作一样，仔细地计划和组织我们的闲暇时间。这听起来可能有违直觉，你可能会想：在有限的闲暇时间里，我喜欢的就是什么都不做，只是"放松"自己。放松的确很重要，我们需要一些时间这样做（例如，很多人选择看电视），但契克森米哈伊发现，与被动消遣相比，参与一些活动会让我们有更多的享受和满足感（这些活动需要一些技能、一些挑战并且是有意义的）。他鼓励我们去观察，在完成一个复杂的福流活动后（如滑雪、读一本好书或进行一场令人兴奋的谈话）与看完电视后，我们的感受是否有所不同（Csikszentmihalyi，1993）。

4. **培养工作场所的福流体验。**你也许是那些真的喜欢自己工作的幸运者之一，但即使你不是，你也可以尝试调整技能和挑战性的匹配度，让你的工作更接近"福流区域"：如果你感到无聊，那么让你的工作任务更有挑战性；如果你对你所做的事感到焦虑，那么提高自己的技能（Lyubomirsky，2008；Miller & Frisch，2009；Csikszentmihalyi，1997）。

5. **发现人际关系中的福流体验。**我们与他人的关系是非常重要的福流来源。契克森米哈伊指出，当两个人处在某种关系中时，他们关注彼此，他们可能有一个共同的目标，并且享受彼此的互动。你能想起一次与某人谈话长达数小时的时候吗？契克森米哈伊（1997）说，谈话的福流是生活中最美好的事情之一。我完全同意。请试着从每个人身上学习东西，对他们保持好奇心，没准儿某次谈话会让你有福流的体验。

我们已经看到，福流的经历会给我们的生活带来幸福感。但这些经历与自我，或者说，你的偏好自我有什么关系呢？契克森米哈伊（1993）说："每一次福流的经历都有助于自我的成长。"福流体验有助于发展我们的独特性、对我们的生活经验进行组织和整理以及发展我们的心理复杂性。这种心理的复杂性有助于"了解和发掘一个人的独特潜质，并能使目标和愿望、感觉和体验之间协调一致，无论是对自己还是他人。"（Csikszentmihalyi，1993）

想一想：了解你的技能、目标和愿望是如何提高你的自我意识的？你是否觉得自己你最近的福流体验帮助你发展了自我？

品格优势

让生活充实的还有一个重要方面，即了解并使用我们的优势。其实，我们的品格优势与我们幸福感的每一个方面都交织在一起（Seligman，2011）。我认为这能够把我们最好的自我意识带到我们的活动和关系中。近年来，基于优势的方法在管理、治疗、教练、教育等领域迅速兴起。积极心理学对这些领域有重要的贡献，因为它提供了一种科学的方法来了解人们的长处。

塞利格曼、彼得森和他们的合作者（Peterson & Seligman，2004；Seligman，2005）汇编了一份个人优势清单，选择优势的标准是：

- 这些优势在世界各地大多数文化中是被推崇的；

- 这些优势本身是有价值的（不只是达到目的的一种手段）；

- 这些优势是可发展或培养的。

这些优势不同于天赋。天赋往往是天生的，常与生理或认知技能相关，如进行一场完美的演讲或成为飞快的赛跑者。品格优势与人的品质有关，它们更多地依赖于我们的意志。例如，我们可以决定要更严谨或更公正，并努力发展这些品格优势（但我们不能决定我们的足弓是否适合跳芭蕾，或者是否有过目不忘的能力）。

研究人员已经发现了 24 种品格优势（Seligman, 2002; Peterson & Seligman, 2004; Dahlsgaard et al., 2005）。这些品格优势几乎是被普遍认可和珍视的，它们存在于历史上许多文化的文学作品和传统中。专家指出，这些品格优势及美德可以被分为 6 大类：

1. **智慧**（wisdom）——包括创造力、好奇心、判断力、好学、洞察力；

2. **勇气**（courage）——包括勇敢、毅力、诚实和活力；

3. **公正**（justice）——包括团队精神、公平意识和领导力；

4. **人道**（humanity）——包括爱、善良和社交智力；

5. **节制**（temperance）——包括宽恕、谦逊、谨慎和自律；

6. **超越**（transcendence）——包括对美和卓越的欣赏、感恩、希望、幽默感和灵性。

密歇根大学的心理学教授彼得森和朴兰淑（Nansook Park）发现，这些品格优势在美国人中以不同的方式分布，与他们的年龄、性别等有关。例如，年轻人表现出更多的幽默感（Peterson, 2008）。朴兰淑与彼得森（2006）还看到，儿童最常见的优势是他们的爱的能力、好奇心和幽默感，但他们不是很谦虚。正如我们所预料的，儿童既不善于有洞察力地看待事情，也不能宽恕他人。现在，越来越多的研究着眼于了解不同国家和不同文化的品格优势（Park et al., 2006; Park et al., 2009）。

彼得森和朴兰淑也研究过家庭的品格优势。最突出的是公正、宽恕、诚实、团队精神和社交智力（Peterson，2008）。他们也发现，一些品格优势（好奇心、活力、感恩、希望和爱的能力）与工作满意度和总体生活满意度有非常高的相关性（Peterson & Park, 2006）。

在第 1 周中，我们谈到"主导故事"，即那些对我们怎样想问题和做什么有很大影响的思考与谈话的方式。这些主导故事不仅存在于个人层面，而且更广泛地存在于文化和社会中。在当代西方世界，有一个非常有力的叙事是关于病理学的，即越来越多的人类体验被看成是不正常的或病态的。

彼得森和塞利格曼（2004）想抗衡这种过度强调病理的心理学，他们写了一本书，名为《品格优势和美德：手册与分类》（*Character Strengths and Virtues: A Handbook and Classification*），这本书像《精神障碍与统计手册》❶一样，是一本心理状态分类大全，不过是一本"心智健全手册"，其中列出了人的 24 种品格优势和美德。彼得森还开发了一个问卷，以评估人的品格优势。这份问卷已经被来自世界各地的一百多万人作答过（Seligman，2011）。该问卷被称为"VIA 品格优势调查"，可以在 Authentic Happiness（真实的幸福）网站上找到，是免费的。

品格优势领域还有其他的理论框架以及问卷，其中有些是收费的。

---

❶ 《精神障碍与统计手册》（*Diagnostic and Statistical Manual of Mental Disorders*，DSM）是一本包含 200 多种精神障碍分类的手册。

例如，由英国的应用积极心理学中心开发的 The Realise2，还有盖洛普公司开发的 StrengthsFinder2。

你在读了品格优势的列表后，开始思考自己的品格优势了吗？你有多了解你的品格优势？你好奇吗？希望你很好奇，因为这将是你的下一个练习。

"每一次福流经历都有助于自我的成长。"

4.8 练习：你的品格优势

塞利格曼和彼得森使用"标志性优势"（signature strengths）一词，指代人们发现、运用并欣赏的最显著的优点。它们的特点是真实感（描述的是"真实的我"），当人们展示这些优势时会有兴奋感，付诸行动时容易实践，有以不同的方式运用它们的愿望，控制不住地想运用它们，会以它们为中心开展活动，运用它们时会感到喜悦和热情（Peterson & Seligman，2004；Seligman，2011）。

- 请完成"VIA 品格优势调查"（加长版），大约需要 45 分钟。根据结果，写下你的 5 大标志性优势。

我的 5 大标志性优势是：

1.

2.

3.

4.

5.

● 完成这个优势调查让你感觉如何?

● 你怎样看待测试的结果?

● 你觉得这个结果反映了你的一些标志性优势吗?

- 这些结果是你预料到的吗?

- 如果是，为什么?

- 如果不是，你认为自己哪些优势是最突出的?

- 你有没有什么特别有趣或令人惊讶的发现?

心理实践的从业人员和学术界人士一致认同了解和利用优势的重要性。研究人员设计了很多"积极心理干预"（positive interventions）练习或活动，目的是增强一个人的幸福感，这已被实验研究证明是有效的。其中一种已被证明最为有效的积极干预是运用优势，比如用一个星期的时间有意识地以不同的方式运用个人优势。这种方式可以改善人们的情绪和生活满意度，这种改善可以持续几个月。这是在做对比研究时发现的，而且对那些有抑郁症的人也是有效的（Seligman, et al., 2005; Seligman, 2011）。

你将如何通过不同的方式运用你的优势呢？最好是每个人为自己定制个性方案，不过我可以给你举几个例子。如果你最大的优势之一是欣赏美与卓越，你可能会通过听音乐来运用它，你也可以用每天的午餐时间在公园里欣赏自然美。如果你的优势之一是幽默，你意识到你大多会在周末跟朋友们在一起时展示这一优势，你也可以尝试每天在办公室的公告板上张贴卡通画。那么，这个星期你准备怎样用不同的方式展示你的独特优势呢？你会选择哪一种优势？你可能会怎样做？

叙事法与建构主义者有时不太喜欢"优势"这个词，因为它可能被理解为"要么有，要么没有"的"内在"的东西，仿佛优势是个物质，人是这个物质的容器。从叙事法和建构主义者的角度来看，我们所有的经验都可以被定义为关系性的，而人是不断创造自己自我身份的主导者。我认为，我们可以把优势视为关系性的，且我们可以把自己看成是这些优势的主动建构者。

接下来是本周最后的练习，请你进一步探索你的各种优势以及它们在你的自我和人际关系中所发挥的作用。

"我们是优势的主动建构者。"

练习：访谈你的优势

- 写下你排名前 3 的标志性优势：

- 3 个优势中，哪一个在你的日常生活中更明显？

- 你认为其他人注意到你的这些优势了吗？曾有人说起过吗？是谁？他（她）说了什么？如果没有人注意到它，他们需要了解你的哪些方面，才能意识到这是你的一个很重要的优势？

- 你什么时候开始意识到这可能是你生活中的一个重要的优势？你还记得一个特定的事件吗？

- 你能告诉我一段趣闻轶事或一个故事，用以说明这个优势吗？

- 这个优势对你的生活有什么影响？

- 你是如何培养和表现这个优势的？

- 你的这个优势在什么样的人际关系中表现得更加明显？谁帮助你表现这个优势？你们是怎样做的？

- 你认为继续发展和运用这个优势可能对你未来的生活有什么样的影响？

4.11 思考

做完这个练习，你有什么样的感受和想法？

塞利格曼（2002）说："我不认为你应该用过多的精力来纠正你的弱点。相反，我认为最成功的生活和最满意的情感来自发挥和运用我们的品格优势。"你同意吗？

第 4 周的对话练习

请与一个朋友或对话伙伴一起，谈谈你的标志性优势，并承诺在接下来的一周内以不同的方式运用你的一项优势。请你和伙伴集思广益，讨论如何做到这一点。

参考文献

Csikszentmihalyi, M. (1997). *Finding flow: The psychology of engagement with everyday life.* New York: Basic Books.

Csikszentmihlayi, M. (1993). *The evolving self: A psychology for the third millennium.* New York, NY: HarperCollins Publishers.

Dahlsgaard, K., Peterson, C. C., & Seligman, M. (2005). Shared virtue: The convergence of valued human strengths across culture and history. *Review of General Psychology, 9*, 203-213.

Miller, C. A., & Frisch, M. B. (2009). *Creating your best life: The ultimate life list guide.* New York: Sterling.

Nakamura, J., & Csikszentmihalyi, M. (2005). *The concept of flow.* In, C.R. Snyder and S.J.Lopez (eds). Handbook of Positive Psychology (pp. 89-105). New York: Oxford University Press.

Park, N., & Peterson, C. (2006). Character strengths and happiness among young children: Content analysis of parental descriptions. *Journal of Happiness Studies, 7*, 323-341.

Park, N., Peterson, C., & Ruch, W. (2009). Orientation to happiness: National comparisons. *Journal of Positive Psychology. 4*, 273-279.

Peterson, C. (2008). Lecture Notes Positive Psychology Immersion Course. Mentor Coach.

Peterson, C., & Seligman, M. (2004). *Character strengths and virtues: A handbook and classification.* New York: Oxford University Press.

Seligman, M. E. (2002). *Authentic happiness: using the new positive psychology to realize your potential for lasting fulfillment.* New York: Free Press.

Seligman, M. E. (2011). *Flourish: A visionary new understanding of happiness and well-being.* New York, NY: Free Press.

Seligman, M. E. (2005). Positive psychology progress empirical validation of interventions. *American Psychologist,* 410-421.

Tarragona, M. (2008). *Postmodern and post-structuralist therapies.* In J. Lebow, Twenty-first Century Psychotherapies (pp. 167-205). Hoboken, NJ: Wiley.

Wylie, M. S. (1994). Panning for gold. *Family Therapy Networker*, 40-48.

POSITIVE
IDENTITIES

第 5 周

人际关系、幸福感和自我

主编导读

本周讨论的是 PERMA 中的 R——积极关系，并将叙事实践与积极心理学结合起来讨论人际关系这一主题。

本周提到，乔治·瓦利恩特博士领导的哈佛成人发展研究对一组男性和女性进行了长达 80 多年的追踪研究。也许你还记得，本书第 2 周谈到同样的研究时说，学者们对一组男性进行了长达 80 多年的研究。这两处提到的研究对象似乎不一致，但其实都是对的。哈佛成人发展研究最初开始于 20 世纪 30 年代，研究了 268 名哈佛大学的男生，后来加入了第二批研究对象：456 名 1940 年至 1945 年在波士顿贫困区长大的男青年。多年后，不断扩大的研究又纳入了最初两批研究对象的配偶和子女，这样就有了女性的研究对象。不过，总的结论是一致的，那就是：积极的人际关系是人们健康、成功和快乐的重要源泉。

本周有很多精彩的内容，如人际关系网、积极主动式回应等，我尤其喜欢人际关系中的相互影响以及"生活协会"会员资格的论述。我们与一些我们所看重的人共同构建了我们的关系——作者用"生活协会"来作比喻，这个"协会"影响甚至界定了我们的自我。好消息是，我们对于邀请谁进入这一"协会"是有发言权的。人们常说，没有人可以不经你的同意而伤害你。的确，我们可以不邀请那些可能伤害我们的人成为我们人生协会的会员，即便他们就在我们身边，即便我们无法改变他们的负面行为，我们也可以屏蔽他们对我们的影响，不让他们的"伤害"进入我们的头脑和心灵。

此外，我们也都是他人生活协会的会员，我们与对方合作建构了他们的自我。当意识到这一点的时候，我顿时对他人产生了深深的责任感。人们常常希望自己或自己的亲人被这个世界温柔以待，却往往没有意识到，在很多时候，对其他人来说，我们就代表了这个世界的一部分，我们的态度就意味着那个人是否会被世界温柔以待。中国古人说，"良言一句三冬暖，恶语伤人六月寒"，我们的一个白眼、一句苛刻的评论、一个冷酷的举动，可能就会打击一个人的自尊、自信和对生活的热爱。因此，我们要与人为善，多给人关切的眼神、支持的话语、温暖的举动，在与他人的"合作"中，帮助他人建构积极的自我。

　　对未成年的孩子，我们尤其负有责任。无论作为家长、老师、咨询师，还是亲友、邻居，甚至陌生人，我们都可能成为孩子们正在形成的、还比较脆弱的自我中的一部分。因此，请不要随便给孩子贴负面标签，不要轻易批评和打击他们。如果我们希望未来的社会中多一些积极向上、朝气蓬勃的新一代，就请给孩子们更多的爱和支持，与他们一同建构积极的关系吧！

本周我们将了解一些关于人际关系在幸福感中的重要性的研究成果。然后，我会请你去探索人际关系是如何增进你的自我的，并思考如何培育和发展出适合你的偏好自我的人际关系。

他人很重要

积极心理学领域最重要的研究人员之一彼得森博士说，积极心理学可以被概括为几个字——"他人很重要"（Other People Matter）。我喜欢这个定义，它非常符合有关自我的关系视角。彼得森指出，最常见的与幸福持续相关的变量是人际关系的质量。塞利格曼（2011）也认为，积极的人际关系是人类幸福和繁荣的核心要素之一。

我们在前一周中多次提到的契克森米哈伊设计了一种创造性的方法来了解人们的日常活动、想法和感受，即"经验取样法"（experience sampling method）。研究人员给参与实验的被试每人一部手机，他们的手机一天中会随机地"哔哔"响起大约 8 次，持续一个星期。当收到"哔哔"声时，他们必须回答手机屏幕上显示的快速调查问题，问题包括"你现在在哪里、和谁在一起、感受如何、在活动中的参与度如何"等。这样，研究人员就可以获得人们日常经验的"快照"。很多研究结果强调了他人在我们的感情生活中发挥的作用。多年来，经验取样法在不同国家的研究中一再显示：当独处时，人们往往会感到悲伤，与别人在一起时则会恢复活力（Csikszentmihalyi，1997[1]；Diener & Biswas-Diener，2008）。契克森米哈伊（1997）的研究还表明，当与他人一起做一些需要集中精力的事时，那些被诊断患有慢性抑郁症或饮食失调的人的情绪与健康人没有区别。

还记得我们在第 4 周讨论的福流吗？对于契克森米哈伊来说，这些关于人际关系的研究结果表明，另一个人的存在使我们集中注意力，它会创建目标（即使是那些"肤浅"的互动也是有目标的，如做到彬彬有礼、建立或保持联系、找到一个谈话的主题），也给我们反馈。例如，契克森米哈伊发现，当人们和朋友在一起时，他们的心情最好，不只是青少年，80 多岁已退休的年长者也是如此。友谊对我们的生活质量起了很重要的作用，而且影响我们一生。一般情况下，人们跟家人待在一起时的心情虽然比不上跟朋友在一起时的心情，不过也还不错（Csikszentmihalyi，1997）。

这只是几个例子，以解释彼得森的主张——他人是很重要的。埃德·迪纳和罗伯特·比斯瓦斯 - 迪纳（2008）总结了人际关系为什么重要。

---

[1] 契克森米哈伊还发现，人们需要一些独处，对我们的幸福来说，存在一个最佳的"独处时间"。但总的来说，有人相伴时的我们更快乐。

人际联结让我们去爱与被爱、提供帮助和支持，它激发我们的心智，让我们形成自己的想法，给我们一种归属感以及纯粹的乐趣。

爱和人际关系

芭芭拉·弗雷德里克森专长于研究积极情绪及其对我们生活的影响。她发现，有 10 种积极情绪的形式：喜悦、感恩、宁静、兴趣、希望、自豪、乐趣、激励、敬畏和爱。所有这些情绪对我们的发展都是重要的，但爱包含了其他所有的形式。弗雷德里克森（2009）发现，爱是人们体验最频繁的积极情绪，爱能改变我们神经系统的化学反应。例如，当我们与他人有社交性接触，特别是身体接触时，我们的身体会产生一种叫作催产素的激素，它促进联结，有些人称之为"拥抱荷尔蒙"，因为女性在分娩和哺乳期间会产生这种激素。有趣的是，有证据表明，父亲的催产素水平在女方怀孕期间也会增加，当他花时间跟婴儿在一起时，激素水平会持续上升。催产素与一种名为多巴胺的神经递质有关，多巴胺对愉悦的调节起着重要的作用。脑成像研究发现，与看到其他珍爱的人（如朋友或家人）的照片相比，当人们看到伴侣的照片并表示"非常爱伴侣"的时候，大脑会显示出不同的活动模式（Bartels & Zeki，2000）。

爱在神经化学方面的这些例子并不意味着它是纯粹的生物现象，但这些现象表明我们倾向于或"天生"会去爱并建立关系。心理学家哈里·哈洛（Harry Harlow，1958）多年前著名的"猴子实验"（monkey experiment）说明了这一点。哈洛博士试图理解，婴儿与母亲建立关系是否只是因为他们需要母亲提供食物。他设计了一个实验，把幼猴和它们的母亲分开，并把幼猴和两个模型妈妈一起关在笼子里。笼子里的一个模型妈妈是硬的，由金属丝制成，但提供牛奶；另一个模型妈妈没有牛奶，但是软的，是用毛巾布做成的。他惊讶地发现，小猴子在柔软的模型妈妈身上待的时间比提供牛奶的模型妈妈身上待的时间更长。哈洛认为，"亲密接触"（warm contalt）对人的发展有着与提供食物同样重要的作用。这些研究为后来的依恋研究铺平了道路，这一领域近年来发展迅速。

前面提到，乔治·瓦利恩特博士领导了迄今为止历时最长的成人发展研究，即哈佛成人发展研究。他们追踪研究了一组男性和女性长达 80 多年，经过仔细调研那些可以预测老年人幸福感的各种因素，瓦利恩特发现，毫无疑问，与他人的关系比什么都重要。例如，有温暖和稳固的关系的参与者在工作中成功的概率更高、有更高的收入并且更健康。这就是为什么瓦利恩特会说："幸福就是爱。""爱"并不仅仅指夫妻关系，而是任何生活领域的关系——朋友、孩子、家人和同事。有证据显示朋友对我们的幸福感有影响，工作中的关系尤其重要。盖洛普对幸福的调查发现，在职场中有一个"最好的朋友"的人更能投入他们的工作，他们的工作质量更高、事故的发生率更低（Rath & Harter，2010）。拉思和哈特（Rath & Hater，2010）建议我们每天花 6 小时跟其他人在一起，加强与家人、朋友、邻居和同事的联系，把社交活动与体力活动结合起来（如与朋友一起散步而不是去咖啡厅）。

关系网的重要性

我有两位来自巴西的同事玛丽莱娜·格兰迪索（Marilene Grandesso）和马西娅·沃尔波尼（Marcia Volponi）做过大规模社区治疗，其主要目的之一是扩大和加强这些人的社交网络和社区意识，以解决他们的困难和问题。为了说明社交网络的重要性，沃尔波尼曾告诉我一句巴西的名言："如果你想杀死一只蜘蛛，就摧毁它的网。"

没有网，蜘蛛就无法生存，这同样适用于人。现在我们知道，人际关系是身体健康和心理幸福的根本。来自杨百翰大学的一组研究人员分析了30年来的148项研究的结果，超过30万人参与了这些研究（Holt-Lunstad et al., 2010），研究人员想看看哪些变量与死亡率最相关。结果令人惊讶：对于所有年龄段的男性和女性，社会支持均与长寿相关；在研究进行期间，与朋友、家人和社区有良好关系的人的死亡率要低50%；缺乏社交所带来的风险堪比吸烟或超重（House et al., 1988）。还有其他一些研究也探究了社交关系与身体健康，尤其是和心血管、内分泌及免疫系统健康之间的关系。其结果一致表明，那些缺乏社交的人死于心脏疾病的风险几乎是有较强社交网络的人的两倍，得感冒的可能性也是前者的两倍（Uchino et al., 1996）。

如果我们与他人的关系可能会影响我们的身体健康，不难想象它们对我们情感生活的重要性。我们与他人关系的质量和我们的幸福感之间有很强的相关性。研究人员研究了那些非常快乐的人和最幸福的人，结果发现，这些人有一个共同点：拥有良好的人际关系（Peterson，2008, 2006）。我们是社会动物，这听起来有些老生常谈，但这是真的！

"他人是很重要的。"

5.1 练习： 你的关系网

了解我们的关系网的重要性之后，请想想你的关系网：当你有需要时，支持和帮助你的人是谁？你愿意和谁待在一起？你与谁玩得开心？在你的生存和发展上，谁是你的人际关系网中的重要成员？在下方写下他们的名字。

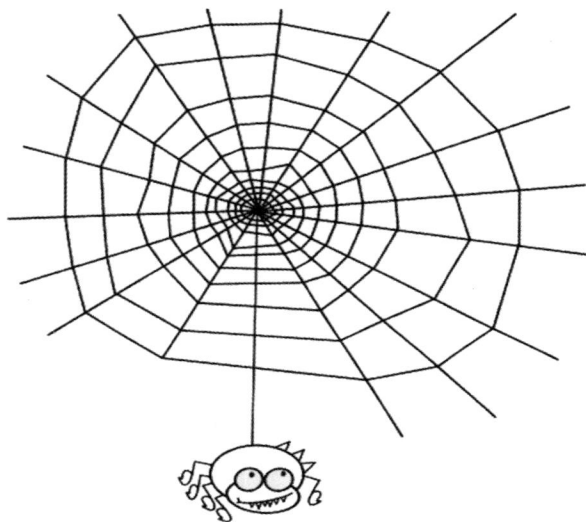

5.2 思考

梳理完你的人际关系网后，你有什么想法和感受？

友情是有感染力的

关于人际关系的一些最有趣的研究与"社会感染"（social contagion）有关。有证据表明，情绪是可以传播的，我们倾向于与周围人的情绪同步，我们和他人的情绪相互影响。科学家发现，人际关系不仅对我们的感觉有影响，而且对我们的目标和期望也有影响。福勒和克里斯塔基斯（Fowler & Christakis, 2008）在哈佛大学进行了一项有趣的研究，他们跟踪调查了 12 000 人超过 30 年，结果发现一个人的幸福概率与周围人的幸福程度有直接的关系。一个经常与快乐的人接触的人，幸福的概率会增加 15%。❶

一个意外的发现是，甚至"二手"的关系也会影响到我们。如果你朋友的一个朋友是幸福的，那不仅你朋友的幸福概率会增加，你也会，即使你不认识那个人。克里斯塔基斯博士表示，这些发现强调，幸福不仅仅是个人的事，我们所有人都是一个关系网中的一部分，每个人的幸福感都会影响其他人。这两位学者的其他研究表明，消极的行为也有感染性。如果你和一个吸烟者有直接关系，你吸烟的概率也会增加。如果你朋友的朋友吸烟，你吸烟的概率也会增加，即使你跟那个人没有直接的关系。

---

❶ 福勒和克里斯塔基斯使用的统计方法最近遭到了质疑。本书中我仍决定保留他们的研究，我认为，即使社会感染效应没那么戏剧性，但它还是存在的，是一个可以帮助我们思考他人如何影响我们生活的有用概念。

其他学者的研究发现戒烟等行为也遵循相同的模式。因为吸烟在工作场所不被接受，人们在家中或与朋友一起时便纷纷戒烟；如果你最好的朋友经常锻炼，你进行体育锻炼的可能性会变为原来的 3 倍；如果你最亲密的朋友饮食很健康，你健康饮食的可能性会增加 5 倍。这是非常重要的，因此研究人员得出结论，和我们生活在一起的人，比如朋友，对我们健康的影响可能比我们的家族疾病史还大（Rath & Harter，2010）。

"情绪是可以传播的，我们倾向于与周围人的情绪同步，我们和他人的情绪相互影响。"

- 了解"社会感染"的原理后，你认为你曾经历过对你有积极作用的社会影响吗？ 如果有，是什么样的影响？

- 想一想，如果你想在生活中增加或开始两种非常符合你的偏好自我的行为。这两种行为会是什么呢？

- 如果你可以从生活中的某些人身上"捕捉"到符合你的偏好自我特征的行为，这些人会是谁？

- 如果人们想从你身上"捕捉"到他们看重的行为，这些行为会是什么？

人际关系中的反应方式

我们都知道，当我们经历困难时，支持性的关系有多么重要。谢莉·盖博博士（Shelly Gable）和她的团队发现，美好的时光也同样重要，因为我们每天 80% 的时间都在与他人分享积极的经验。他们的研究表明，令人满意的人际关系的一个关键因素，是我们如何对他人生活中的积极事件作出反应（Gable et al., 2004）。他们根据下面两个维度对反应进行分类：是主动的还是被动的，是建设性的还是破坏性的。这样，一种反应可以是主动建设性的、主动破坏性的、被动建设性的或被动破坏性的。例如，约翰回家告诉妈妈，他得到了出演学校戏剧的主角的机会。表 5-1 列出了约翰的妈妈 4 种可能的反应类型。

表 5-1　反应类型

维度一	维度二	
	主动的	被动的
建设性的	妈妈从座位上跳起来拥抱了约翰并说："太棒了！恭喜你！这是你应得的，你为此付出了这么多努力。我们要好好庆祝！"	妈妈继续看她的电脑，只是瞥了一眼约翰并说："不错，亲爱的。"
破坏性的	妈妈从她的办公桌前起身，把她的手叉在腰间，严厉地对约翰说："嗯，我希望你能意识到自己陷入了什么样的境地。你会没有时间做作业，我们都知道八年级的功课有多难！"	妈妈没有从电脑屏幕上抬眼，喃喃自语道："嗯，该播下一集了。"

你可能已经猜到了，与幸福的人际关系相关的反应是**主动而有建设性的**。

5.4 练习：分享你的好消息

想想最近你与别人分享好消息的时候。

● 你分享了什么？和谁分享的？

● 此人是如何回应的？

● 他（她）的反应符合以上描述的 4 种类型之一吗？如果是，是哪一种？

● 这种反应对你有何影响？

婚姻和夫妻关系

对于许多人来说，生命中最重要的关系之一就是婚姻。有证据显示，婚姻的质量影响配偶的幸福程度。在一项研究中，研究人员把 42 对已婚夫妻带到医院，他们在参与者的胳膊上划了一道小小的伤口，测量其愈合的速度。结果发现，婚姻关系存在敌意的夫妻，其伤口愈合的时间是有良好婚姻关系的夫妻的两倍（Rath & Harter，2010）。其他研究表明，只有当婚姻是一段令人满意的关系时，它才与健康正相关（Kiecolt-Glaser & Newton，2001）。关于婚姻和幸福之间关系的数据并非"一刀切"。埃德·迪纳和罗伯特·比斯瓦斯 - 迪纳（2008）指出，虽然结婚的人平均来说比单身者更幸福，但平均值会模糊差异。一些人结婚后更快乐，另一些人婚后的快乐与婚前没有区别，还有些人婚后没有婚前快乐，在这里重要的是：这段婚姻对此人是否合适。

华盛顿大学的戈特曼博士是研究人际关系最著名的学者之一。在过去的 20 多年中，戈特曼和他的同事们一直在研究夫妻关系。他们已经开发出一种方法来观察和编码夫妻之间的互动，使他们有 91% 的准确率来预测一对夫妻是会幸福地生活在一起还是会分开（Gottman & Silver，1999）。

戈特曼发现，有 4 种消极互动可以预测夫妻关系的不良结局，他称之为"灾难预言四骑士",分别为:批评、蔑视、防卫和冷战。**批评**指负面评论、抱怨或责备你的伴侣;**蔑视**是比批评更强烈的形式,指对你的伴侣表露出不屑或反感的态度;**防卫**包括不接受你的伴侣所说的话,进行反击或发牢骚;**冷战**是指从谈话中撤出,互不理睬对方。与此相反,常见的恩爱夫妻面对冲突的互动方式包括:"**软启动**"或温和地开始谈论问题的能力;**转向对方**(而不是背离对方或对抗你的伴侣);**修复对话**(为减缓冲突而给予的一句道歉、一个微笑或一个幽默的举动);**接受影响**(即接受伴侣的劝说)。

你可能会说,几乎所有的夫妻都有一定程度的批评或防卫,你是对的。戈特曼和他的团队发现,消极互动存在的本身并不重要,真正重要的是比例或者说积极互动和消极互动的比例。他们从数以千计的参与者中获得的数据显示,幸福夫妻积极互动与消极互动的比率往往是5:1。所以,不是说有持久关系的夫妻从不吵架或从不互相批评,而是他们之间相互欣赏和爱慕的时候比批评或防御的时候要多得多。有些夫妻几乎从不争吵,但是如果他们也没有很多积极互动的话,他们的婚姻可能不会很令人满意。戈特曼说,婚姻成功的最佳预测是,夫妻双方对彼此有更多的正面评价,而不是负面评价。

以上简要地概述了一些与积极的人际关系对幸福的重要影响有关的研究结果。在下一节中,我们将关注人际关系对你的自我认同有何贡献。

人际关系中的你

也许你还记得，在第 1 周和第 2 周我们谈到了自我和身份的叙事观点，以及我们如何将自我意识看作在我们与他人的关系中进行维持和转化的事物。希望本周有关人际关系网、社会感染、对好消息的反应体验等方面的练习，已经让你了解了你生活中的重要关系。希望你能够通过以下的练习更深入地了解这些关系。

"他人，很重要。"

5.5 练习：人际关系辨识专访 ❶

请列举一个和你有积极且重要关系的人（朋友、老师、父母、子女、伴侣）。

● 这个人是谁？为什么这段关系对你来说很重要？

● 你能告诉我一个关于这段关系的故事或难忘的经历吗？它可以是一段轶事或小故事，让我了解你们之间是如何联系在一起的。

● 这个经历或事件对你来说最重要的是什么？对他（她）来说最重要的是什么？

---

❶ 如果你想跟一个朋友或对话伙伴做这个练习，那么请轮流与对方进行访谈。先对一个人进行整体访谈，然后交换角色。本练习改编自弗里德曼和库姆斯（1999）以及怀特和艾普斯顿（1990）的研究。

- 你认为这个人最欣赏你什么？

- 你自己的哪些方面在这段关系中出现或变得更明显了？

- 在这段关系中，你在自己身上发现了什么惊喜吗？

- 如果我能和这个人面谈，你认为他（她）会如何和我谈论你？

- 你将如何描述你在这段关系中的身份?

- 如果你能通过这个人的视角看自己，对于你今天的生活，你最欣赏的是什么?

- 在未来的几个星期，如果你能保持对自己的这种看法，你的生活将会发生什么变化呢?

5.6 思考

回答完这些问题后，你有什么样的想法和感受？

协会的身份

怀特（2007）认为，从叙事的角度来看，身份可以被理解为一组关系、一种我们生活中的"协会"或"俱乐部"，其中有不同的成员：来自我们的过去、现在和想象中的未来的重要人物。生活中的这些重要人物的意见，有助于我们身份的建构。他指出，我们可以决定谁是我们生活俱乐部的成员，我们可以升级他们的会员资格，给予他们荣誉会员的资格，或在某些情况下，降级甚至吊销他们的会员资格。这些塑造我们身份的声音并不总是来自我们认识的人，某些情况下，他们可能是我们喜爱的书的作者，或者是文学作品、电影中的人物。怀特开发了一种特别的访谈方式，他称之为"重忆对话"（re-membering conversation），这种对话让人们把自己的身份看成是多重的声音，而非把身份视为一个"概括性的自我"。他说："基于这种多重声音的身份认同感，人们发现自己的生活通过共同的、珍贵的主题与他人的生活紧密相连。这种自我认同感是一种关于一个人在生活中的行为以及他是谁的、积极的、非英雄主义的结论。"

重忆对话开启了修改我们生活俱乐部的会员资格的可能性。基于我们的经验与人际关系，我们会给予那些对我们的自我身份认同作出宝贵贡献的人更多的发言权。

借用一个比喻，即你的生活就像一个俱乐部。你可以根据他人对你喜欢的身份和偏好自我贡献的大小以及他们与你的关系，来决定谁可以成为这个俱乐部的会员。

请填写 5 张会员卡。

_____的生活协会

授予_____会员资格

因为我们的关系让我意识到自己是：

_____的生活协会

授予_____会员资格

因为我们的关系让我意识到自己是：

_____的生活协会

授予_____会员资格

因为我们的关系让我意识到自己是：

_____的生活协会

授予_____会员资格

因为我们的关系让我意识到自己是：

_____的生活协会

授予_____会员资格

因为我们的关系让我意识到自己是：

如果你打算保持这些会员的有效资格并想继续发展与这些人的关系，这对你的自我认同和未来的计划可能有什么样的影响?

身份的相互影响

大多数关系都是双向的。叙事工作的一个重要方面，就是要**探讨**，如果有人对我们的生活产生了影响，我们彼此的生活是如何联系在一起的，对方是如何影响我们的，说不定我们也影响了他们的生活和自我身份认同。

怀特（2007）分享了杰西卡的故事。杰西卡是个 40 多岁的女人，在儿童和青少年时期，她曾遭遇虐待。她去治疗中心向怀特咨询。杰西卡认为她是个一无是处、毫无价值的人，她的生活没有希望。当怀特跟她面谈时，意识到她逃过了许多生存危机，于是他想了解是什么支撑她活到现在。杰西卡告诉他，她还存有一些希望，希望自己的生活能变得更好，而这个希望与一位邻居有关。大约有两年的时间，每当杰西卡被伤害时，她就去邻居家，那位邻居安慰她，给她食物，教她缝纫和编织。怀特问杰西卡，邻居在她身上可能看到了什么而收留她？邻居欣赏杰西卡什么？通过回答这些问题，杰西卡表示对自己有了一些不同的看法，她看到了自己的价值。

这可能已经足够好了，但怀特帮助杰西卡在自我身份重建上还向前进了一步。他不仅探讨了这个邻居如何影响了杰西卡的生活，还谈及了杰西卡对邻居的贡献。例如，当她接受和邻居学习编织及缝纫的邀请时，这对邻居来说意味着什么？

让我们再做一个练习，我们将检视某个人对你的生活的贡献以及你对他（她）的生活的贡献。

让我们回到 5.5 练习"人际关系辨识专访"中谈到的那个人，请写下他（她）的名字。

1. 这个人对你的生活的影响

- 你认为他（她）对你的生活最重要的贡献是什么？

- 你的生活产生了什么样的积极改变？

- 能告诉我一个故事帮助我理解这种改变吗?

- 对你来说,你和这个人的关系中最好的(你将受用终身的)部分是什么?

2. 你对这个人的生活的影响

- 你认为,＿＿＿＿＿＿ 认为你对他(她)的生活最重要的贡献是什么?

- 在_____的生活中，有什么积极的改变与你有关?

- 如果我让_____告诉我一个故事，帮助我更好地理解这个变化，他（她）会告诉我什么故事?

- 你认为对他（她）来说，他（她）和你的关系中最好的、将受用终身的部分是什么?

5.10 思考

你怎样看待这段关系中的相互影响？这对你看待自己的方式有影响吗？

第 5 周的对话练习

请与朋友或对话伙伴一起，谈谈你对"人际关系辨识专访"的感想以及对"生活俱乐部会员"的看法。

参考文献

Bartels, A., & Zeki, S. (2000). The neural basis of romantic love. *Neuroreport, 11,* 3829-3834.

Csikszentmihalyi, M. (1997). *Finding flow: The psychology of engagement with everyday life.* New York: Basic Books.

Diener, E., & Biswas-Diener, R. (2008). *Happiness unlocking the mysteries of psychologucal wealth.* Malden MA: Blackwell.

Fowler, J., & Christakis, N. (2008). Dynamic Spread of happiness in large social networks: Longitudinal analysis over 20 years in the Framingham Heart Study. *BMJ, 337,* a2338.

Fredrickson, B. (2009). *Positivity: Groundbreaking research reveals how to embrace the hidden strength of positive emotions, overcome negativity, and thrive.* New York: Crown.

Gable, S. L., & Maisel, N. C. (2009). *For richer...in good times...and in health: Positive processes in relationships.* En S. Lopez, & C. Snyder, Oxford Handbook of Positive Psychology (pp. 445-462). New York: Oxford University Press.

Gable, S. L., Reis, H. T., Impett, E., & Asher, E. R. (2004). What do you do when things go right? The intrapersonal and interpersonal benefits of sharing positive events. *Journal of Personality and Social Psychology, 87,*

228-245.

Gottman, J., & Silver, N. (1999). *The seven principles for making marriage work: A practical guide from the country' s foremost relationship expert.* New York: Three Rivers Press.

Harlow, H. F. (1958). The Nature of Love. *American Psychologist, 13,* 673-685.

Holt-Lunstad, J., Byron Smith, T., & Layton, B. (2010). *Social relationships and mortality risk: A meta-analytic review.* PLoS Medicine.

House, J., Landis, K., & Umberson, D. (1988). Social relationships and health. *Science, 241*, 540-545.

Kiecolt-Glaser, J., & Newton, T. (2001). Marriage and health: His and hers. *Psychol Bulletin Journal, 127*(4), 472-503.

Peterson, C. (2006). *A primer in positive psychology.* New York: Oxford University Press.

Peterson, C. (2008). Lecture Notes Positive Psychology Immersion Course. Mentor Coach.

Rath, T., & Harter., J. K. (2010). *Well-being: The five essential elements.* New York: Gallup Press.

Seligman, M. E. (2011). *Flourish: A visionary new understanding of happiness and well-being.* New York, NY: Free Press.

Uchino, B., Cacioppo, J., & Kiecolt-Glaser, J. K. (1996). The relationship between social support and physiological processes. *Psychological Bulletin, 119*(3), 488-531.

White, M. (2007). *Maps of narrative practice.* New York: W.W. Norton & Company.

White, M. (1990). *Narrative means to therapeutic ends (1 ed.).* New York: W. W. Norton & Company.

POSITIVE
IDENTITIES

第 6 周

目的、意义和成就

主编导读

本周讨论了 PERMA 模型中的 M 与 A，即意义与成就，并对全书作出了整合和总结。

在本周，作者帮助我们发现，钟爱的活动如何为我们带来意义和成长。作者带领我们回顾从小到大的个人发展历史，让我们思考是什么价值在我们的生活中涌现，是什么阻碍了我们让生命的意义闪耀光芒。

关于人生的目的，作者提醒我们，我们可能有多个而不仅仅是一个目的。至于目的和目标如何增加或减少我们的成就，取决于我们的注意力、精力和努力。

本书到第 6 周就要进入尾声了。我本人非常喜欢这本精彩而有趣的书。在翻译之前，我就已经读了两遍。第一遍，我从一位读者的角度来阅读。我让自己完全沉浸其中，就像在进行一场个人化的旅行。我沿途观赏知识与思想的美景，完成了那些引人入胜的练习。作者娴熟的指导给读者提供了一面放大镜，让我检视自己的生活，反思此前我为自己所撰写的人生故事的基调。第二遍，我作为一位心理学专业人士来学习。这本书引发了我对很多心理问题和社会问题的思考，我也为未来的教学、写作和咨询做了不少笔记。虽然我已经学了多年的心理学，但本书还是教会了我一些新的方法和技巧，我觉得从本书中淘到了很多金子。

那么你呢？你是以什么身份来阅读、学习这 6 周的课程的呢？

从知识的角度，本书介绍了积极心理学和叙事疗法最主要的思想和方法，以及这两大领域最重要学者的研究。在学完这 6 周的课程后，相信你在心理学方面的造诣会上一个很大的台阶。

从实践的角度，本书一定会给你带来一些顿悟的时刻。这本书会直击你的灵魂，让你深入思考自己的生活经历，无论是回想那些令你由衷感动的美好瞬间还是那些让你绝望挣扎的艰难时刻，本书都会让你悟出一些道理。更重要的是，本书教你如何摆脱消极故事的牵绊，为自己创造一个新的剧本，让你在未来的人生舞台上扮演一个美好而积极的角色。

所以，无论你是作为一位追求成长的个人，还是一位希望自己的孩子或学生能发展积极自我的家长或老师，抑或是一位致力于帮助客户摆脱心理问题、提升生活质量的心理学专业工作者，我相信你都会在阅读和学习本书的过程中有所收获。

意义和成就对应 PERMA 中的"M"和"A"，PERMA 是幸福的五大元素的首字母缩写，由塞利格曼提出。在前面几周中，我们已经探讨了幸福的三大元素，即积极情绪、投入和人际关系，你已经思考了这些元素对自我的影响。

这一周，你将开始探索人生的意义和目的：指导你选择的价值和承诺、你的目标和梦想以及你为实现它们所采取的步骤。这门课最后一周的练习，也将请你审视自己的一些伟大的成就，这些成就或许已得到他人的认可，或许只有你自己知道。最后，和其他几周一样，我会鼓励你和其他人就这些话题展开对话。

生命的意义和目的

自古以来，哲学家、普通人、治疗师和心理学家都认同，生命的意义是我们存在的一个关键方面，人们想要生命有意义和目的（Seligman, 2011）。塞利格曼认为，有意义的生活表现在你属于和服务于你认为比你自己更重要的事物。他还讨论了社会是如何建立组织，从而让我们能够实现这一目标的，社群、家庭、学校、企业以及各种组织和团体都是为了帮助他人、改善世界。

"意义贯穿于我们的生活。"科罗拉多州立大学研究生命意义的专家迈克尔·斯蒂格（Michael Steger，2009）说。他认为，意义有助于我们解释和组织我们的经验，建立我们自己的价值，明确什么对我们是重要的，并指导我们有效地分配精力。

在对意义的研究文献综述中，斯蒂格（2009）总结说，那些相信自己的生命有意义或目的的人，比那些不相信的人事情做得更好。除此之外，他们更快乐，体验到更高的整体幸福感和生活满意度，对自己的生活有更强的掌控感，并且更投入他们的工作。换句话说，他们有更多的"好东西"。

相应地，他们拥有的"不太好的东西"也更少。拥有高层次生命意义的人们，他们有更少的消极情绪、抑郁和焦虑。他们不太可能成为工作狂、滥用药物或有自杀的想法。研究还表明，那些将自己的一生奉献给一项事业或理想（超越了当下具体事物）的人，往往有更高层次的意义感。另外，那些遭受严重心理困扰的人，如精神病患者和戒毒机构的人员，往往有较低水平的意义感。然而，一些证据表明，治疗可以帮助这些人重建他们生命的意义。

有目的的生活与长寿、生活满意度、身心健康相关（Kashdan &

McKnight，2009）。例如，帕特里克·麦克奈特（Patrick McKnight）和托德·卡什丹（Todd Kashdan）报告说，参加志愿活动的人的死亡率比不参加志愿活动的人低60％。同样，向他人提供社会支持的人的死亡率是那些不提供或得不到社会支持的人的一半。即使在很小的方面超越自己，比如照顾宠物，也有助于长寿。

意义（meaning）和目的（purpose）这两个概念是交织在一起的。在我们了解学者们如何定义意义和目的之前，想一想这两个词对你来说意味着什么。

研究生命意义的心理学家往往强调两个方面：目的和含义。目的（purpose），通常是指在我们生活中具有一定重要性的目标。目的被转化为行为，即我们采取的行动，以及我们确定的一系列趋近目标的小目标。含义（significance）让我们的生活变得合情合理，也是用来解释我们的生活经历的方式，让这些经历成为一个连贯的故事的一部分。

我喜欢斯蒂格（2009）对生命意义的定义，它结合了生命的广度与深度两个方面——生命的意义是"人们理解、领会或者洞察他们生命含义的广度，以及他们对生活中的目的、使命或总体目标的认识的深度"。

斯蒂格（2009）谈论意义在我们的生活叙事中的重要性："没有意义的人生，仅仅是一连串的事件，无法合并成一个统一的、连贯的整体。没有意义的人生就像没有故事的生活，没有为之奋斗的东西，对过去和将来都没有感觉。"罗伯特·尼迈耶（Robert Niemeyer）和迈克尔·马奥尼（Michael Mahoney）也强调，意义感来自我们的叙事和生活故事。

罗伊·鲍迈斯特（Roy Baumeister）和凯瑟琳·沃斯（Kathleen Vohs）提出，人们寻找生活的意义是为了满足下列 4 项基本需求：

- 对目的的需要，有目标和实现目标的满足感；

- 对价值的需要，给予生活美好的感觉，以此指导我们的行动；

- 效能感，相信我们能够有所作为；

- 自我价值感。

我们将在之后讨论目的和目标。现在让我们花一些时间来想想指导我们行动的价值观，我们可以从很多方面来思考我们的价值观。为了帮助你了解你的**价值观**，我们将使用沙洛姆·施瓦兹（Shalom Schwartz）的分类方法。施瓦兹是一位社会心理学家，他对 44 个国家的 6 万多人展开了一项调查，想知道是否有某些共同的价值观指导着他们的生活。他发现了 10 大类别的价值观以及这些价值观是以何种结构组合在一起的（Schwartz，1994）。它们分别是：

1. 权力（power）——社会地位和声望，控制他人的能力；

2. 成就（achievement）——制定和实现目标；

3. 享乐（hedonism）——寻求愉悦和享受；

4. 刺激（stimulation）——寻求兴奋和刺激感；

5. 自我导向（self-direction）——喜欢独立和自由；

6. 普世性（universalism）——寻求正义和宽容；

7. 仁慈（benevolence）——付出，帮助他人；

8. 传统（tradition）——尊重并维护习俗和世界秩序；

9. 遵从（conformity）——服从规则和结构；

10. 安全（security）——健康和安全。

请花几分钟时间，标出这些价值观在你生活中所扮演的角色。

"意义贯穿于我们的生活。"

6.1 练习： 价值观转盘

1. 图 6-1 源自施瓦兹的价值观分类。看看每种价值观，想想它对你有多重要。它在多大程度上指导你的选择和决定？

- 根据它对你的重要性，涂画图表中的每个"轮片"。如果是非常重要的，涂满整个部分；如果不是很重要，只涂一部分。

- 如果你认为图6-1未包括某种价值观，你可以更改图表中的类别并根据需要写下你自己的价值观。

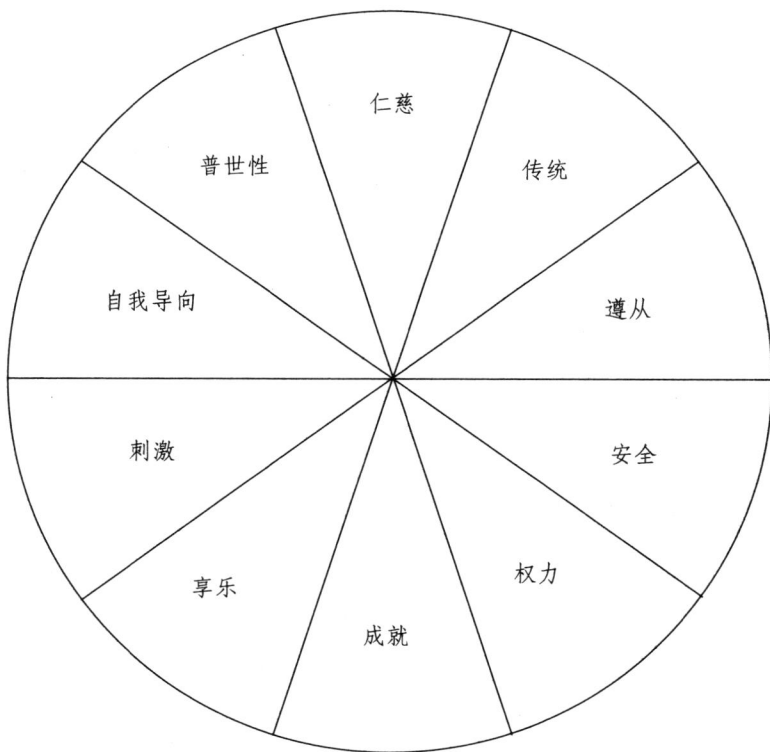

图 6-1 价值观转盘

2. 从图 6–1 中选出对你来说最重要的价值观。请把它写下来：＿＿＿＿＿＿＿＿。

- 你为什么选择这种价值观？

- 你认为它在多大程度上指导了你的决定和你的生活方式？

- 想一想你最近作出的选择是否受到了这种价值观的影响？是怎样的影响？

- 你是如何形成这种价值观的？曾受谁的影响吗？

- 坚持这种价值观对你的人生有什么样的影响？

- 这些影响是积极的还是消极的？

- 这种价值观与你的标志性优势有关联吗？如果有的话，是怎样联结的？

6.2 思考

你认为这个练习怎么样?

6.3 练习：编写一个列表 ❶

我们的价值观、价值感、效能感以及我们的目的和目标共同构成了生命意义的来源。对大多数人来说，很少有单一来源的意义，意义往往会有几个不同的来源（Baumeister & Vohs，2005）。关于生命意义的研究经常会问："你生命的意义是什么？"然后研究人员会对参与者的反应进行编码和分类。

当你被问到"你生命的意义是什么？"时，请写下你头脑里立即想到的一切，不要想太多，尽量不停地写 5 分钟。

---

❶ 改编自"列出你的想法"（List Yourself）（Segalove & Velick, 1996）。

罗伯特·埃蒙斯（Robert Emmons, 2003）确定了生命意义的 4 种常见来源，即工作成就、亲密关系、心灵追求、超越与产出（致力于超越自我的努力）。你的看法如何？在你的列表中有符合这些类别的项目吗？这 4 个方面是如何与你自己的生命意义相关联的？

还记得那个儿时想要建造"东方城市"的男人爱德华多吗？我认为有 3 个意义来源对他很重要：他与妻子和孩子的关系很好，这是他幸福的中心，他总是满怀爱意和感激地谈起他的配偶。然而，在他最初来见我的时候，他的家庭关系显然不足以维持他的幸福感。我们会谈几次后，有件事逐渐变得清晰，即工作成就是他多年来非常重要的意义来源，他低估了提前退休的代价。后来，当他开始更具挑战性的新工作时，工作又开始变得有意义了。

超越与创造也是被爱德华多搁置的重要价值感来源。多年来，他曾参与社区发展，在大学组织过学生社团，曾在他的祖国与在经济上处于边缘地位的人一起工作。但移民后，他觉得作为一个外国人，自己不应该有任何政治活动。有趣的是，对他来说，社区工作是一种"建造"形式，我们知道他是多么喜欢建造和修理各种东西，这对他来说是一种创造的形式。遗憾的是，我没有问他关于生活中心灵追求的问题，我真该问问他。但很显然，意义的两个重要来源一直被他抛在脑后，在他重新激活这两个来源后，他觉得自己找回了生活的热情。

请想一想我们刚刚讨论的生命意义的 4 个来源，完成下列练习。

6.4 练习：意义的来源专访 [1]

注意：这个练习需要一些想象力，但它很有趣。试一试吧！

1. 请在表格右侧注明各因素对你的生命意义的重要程度。

意义来源	根本不重要	不太重要	有些重要	非常重要
工作成就				
亲密关系				
心灵追求				
超越与产出				

● **根据你的回答，此时下列哪一种因素在你的生活中对你的意义感贡献更大？（请圈出）**

工作成就	亲密关系	心灵追求	超越与产出

示例

1. 请在表格右侧注明各因素对你的生命意义的重要程度。

意义来源	根本不重要	不太重要	有些重要	非常重要
工作成就		✓		
亲密关系			✓	
心灵追求				✓
超越与产出		✓		

● **根据你的回答，此时下列哪一种因素在你的生活中对你的意义感贡献更大？（请圈出）**

工作成就	亲密关系	心灵追求	超越与产出
		◯	

---

[1] 改编自罗斯和艾普斯顿（1996）的研究。

2. 现在，想象一下意义的来源是一个人或一个角色，我们要采访它。例如，如果你选择"工作成就"，我们将采访"工作"；如果你选择"心灵追求"，我们将与"心灵追求"对话。你必须回答，仿佛你就是"工作""亲密关系""心灵追求"或"超越"（你刚刚圈出的那个）。

进入角色，假扮你是"工作""亲密关系""心灵追求"或"超越"。想象一下我是提问者，你是那个角色，并回答问题 ❶。当说"你的名字"时，写下你的真实姓名。你准备好了吗？

- 你好，_____（工作、亲密关系、心灵追求或超越）（请写下其中一个来接受我们的采访），感谢你愿意与我交谈。
- 当你得知在_____（你的名字）的生活中扮演了一个如此重要的角色时，你惊讶吗？

- 你为什么惊讶（不惊讶）呢？

---

❶ 如果可以和朋友一起做，请轮流访谈对方。做完完整的采访再交换角色。记住，你必须假扮成"工作""亲密关系""心灵追求"或"超越"进行对话。祝你玩得开心！

- 你能和我说说你与_____（你的名字）的关系吗？你们是怎么相遇的？

- 你们是在多久以前相遇的？

- 有人介绍你们认识吗？

- 你们在一起做了什么?

- 你对_____(你的名字)的生活的主要贡献是什么?

- _____(你的名字)是怎样培养你的?

- _____(你的名字)有时会忽视你吗?

- _____（你的名字）是如何帮助你成长的?

- 你对_____（你的名字）的未来抱有什么希望?

- 你还有其他想要说的吗?

谢谢!

6.5 思考

这个练习让你思考和感受到了什么?

我知道，这个练习看起来有点奇怪，但我希望它能帮你进一步思考你生命意义的来源。这个练习有没有让你想起我们在第 2 周做过的"外化"练习？这两个练习基于同样的想法。如果我们把意义看成是我们内在"要么有，要么无"的东西，我们的想法可能会受到限制。但是，如果我们认为意义存在于我们的生活中，我们与之相关，意义可以被培养或忽视，那我们就能想出更多的可能性来增加意义的存在以及它在我们生活中的积极影响 ❶。

目的

正如我们前面提到的，目的在生活中一般是指比意义更为实际的东西。我们的目的是与特定的目标和目的一致的。你看到过一些公司把它们的宗旨裱起来挂在办公室里吗？我们可以把生命的目的想成是我们的使命、我们要在这个星球上完成的任务、我们想要生活作出的或大或小的改变。

卡什丹和麦克奈特（2009）将目的定义为"一种核心的、自发的人生指向，它组织并激发目标，管理行为并提供意义感"。在这两位学者看来，目的是一种内在的指南针，它帮助我们指导自己的行为。他们的比喻很棒，我们的目的就像一个指南针，是否使用指南针是可选择的，

---

❶ 在关于意义的不同类型的研究中，"人际关系"通常是很多人最大的意义来源。对你来说是这样吗？（没有正确答案，我只是好奇。）

那么是否有人生目的也是一个选项。但是，一旦我们设定了人生目的，它就会给我们提供人生意义感，因为它可以帮助我们创建和实现我们生活中的目标。

卡什丹和麦克奈特（2009）指出，我们可以有多种目的，这是有益的，因为如果我们只是专注于一个项目或目标却没有结果，是非常令人沮丧的。然而，如果我们有太多的目的，它们往往会冲淡彼此。因此，我们需要选择在哪里投入我们的精力和努力。

你有没有想过你的人生目的？如果你是一家公司，你的目标或宗旨被打印、装裱并挂在墙上，上面会写些什么？我想我们很多人对我们的目的有一个直观的感觉，但并不总是可以表达出来。

正如塞利格曼博士（2011）所言，人类已经建立了许多组织，让我们感觉到我们是这些比自己大得多的组织的一部分，属于这些组织可以帮助我们生活得更有意义，你现在或曾经参与的团体或组织可能会提供你人生目的的线索。那些你感觉很"适合"你的地方和人群，即从事的活动会给你带来满足感和激励，可以很大程度上为你的生活目的提供线索。这些团队或组织可以是一所学校、一支乐队、一个观鸟俱乐部或一间急救医疗诊所。

例如，当我想到我生命中重要的机构和组织（除了我的家庭）时，首先浮现在我脑海里的是我从幼儿园到高中就读的学校、芝加哥大学

（我读研究生的院校）、我培训过的家庭治疗机构以及我作为其中一员的专业组织，如协作和叙事从业者团队及积极心理学家团队。

我认为想到这些组织会给我带来一些关于学习和学术在我生命中的重要性以及服务他人的使命的线索。事实上，我在工作中做什么？大约50％的时间我在大学任教，另外50％的时间我努力帮助来访者过上充实和幸福的生活。

"目的是一种内在的指南针，它帮助我们指导自己的行为。"

6.6 练习： 人生目的线索——你生命中重要的团体或组织

想想你现在或曾经加入的、对你的生活有积极影响的团体或组织。在清单的第一列写出这些团体或组织，在第二列简要地描述它们的宗旨。

团体、组织、机构、俱乐部等	它们的宗旨

6.7 思考

现在你有什么想法？是否有什么因素凸显出来了？你有没有看到任何共同点或共同的线索？你是否还记得一个对你来说特别重要的组织？

　　有许多方法来探讨和定义我们生命的目的。积极心理学专家卡罗琳·米勒（Caroline Miller）和迈克尔·弗里希（Michael Frisch）合著了一本书《创建你最好的生活》（*Creating Your Best Life*），其中有一章与使命宣言有关。米勒和弗里希提供了以下 6 个步骤，指导我们创建个体的使命宣言。

　　1. 问问自己，你最珍视的价值是什么？

　　2. 问问自己，你想要其他人（包括你的孩子）在你去世后记住你什么？

　　3. 问问自己，在历史、时事或人文作品中，哪些词或短语最能激励你？如果你需要的话，可以通过名言册或网络搜索来获得灵感。

　　4. 看看一些成功的公司在其网站、货车或信笺上写下的使命宣言。问问自己，这些词句是否能让你产生一种与产品实际传达的内容相匹配的感觉？

　　5. 确保你的最终使命宣言是有说服力的、以行动为导向的、鼓舞人心的、简单易懂的。它应该既能够陈述你的目标，同时还能引出你最好的自我和最真实的行为。

　　6. 如果你第一次做得不太好，不必担心。继续不断尝试，直到你觉得这个使命宣言是适合自己的。

卡什丹和麦克奈特强调，"目的被编织在一个人的身份和行为中"。目的是一个轴心，围绕它，我们组织我们的生活故事和自我意识。怀特指出，在叙事工作中，当一个人觉得他（她）的生活受到某种描述的限制时，我们要帮助这个人探索和开发另类故事，我们共同探索这个人的憧憬、希望、梦想、价值、承诺和目的。这经常可以改变人们可能对自己的身份所特有的负面结论。

"目的被编织在一个人的身份和行为中。"

请完成下面这个练习。请你想一想你的价值观和梦想，因为它们与你的工作有关。

请想想你决定当一名＿＿＿＿＿＿＿＿（写下你的职业）或接受你现在的工作是一名＿＿＿＿＿

（写下你的职位名称）的时候：

● 你是怎么作出这样的决定的？

● 引导这一决定的价值观、意图和梦想是什么？

● 为什么这些价值观、意图和梦想对你很重要？

_____

❶ 改编自哈林·安德森和迈克尔·怀特的观点。

- 你认为这些说明了你是一个什么样的人?

- 现在这些价值观、意图和梦想对你仍然是很重要的吗？如果事情已经改变了，那么现在对你来说很重要的是什么?

- 在你的日常工作中，你能在多大程度上坚守这些价值观、意图和梦想?

- 有没有什么因素使你坚守这些价值观、意图和梦想变得很困难?

- 什么使你在工作中更容易坚守它们?

- 如果你可以做一件事，使这些价值观、意图和梦想在你日常工作中的存在得以增加或更新，那这件事会是什么?

- 上述情况对你的工作有什么影响？

- 如果你可以建立自己的"梦之队"，一群人可以很专业地帮助你成就你的梦想，那么谁将是梦之队的成员？

做完这个练习后，你的内心对话是什么？你有什么想法和感受？

怀特认为，当我们"丰富地描述"我们的价值观、梦想以及激励和希望的来源，在我们的谈话中详细地探讨它们时，我们可以产生更积极的自我结论。我知道"自我结论"可能听起来像一个尴尬的词，但它是被刻意使用的，它强调身份不是存在于我们内部的一整块巨石，而是一个建造物，是动态的。我们得出的"我是谁"的结论源于我们的经验和与他人的互动，这个结论是可以修改和发展的。这些关于自己的不同结论可以鼓励人们采取措施，使他们的行为和人际关系更符合他们生命的目的。

设想一下，我要求你像许多大学申请书中所要求的那样写一份自传。这可能是一项艰巨的任务。你该如何开始？如何通过一个合理的方式组织你的经历？

现在设想一下，你得到了一点帮助。这里有一些章节标题可以参考，包括：

- 你的渴望、希望与梦想；

- 你的价值观；

- 你的承诺；

- 你的人生目的；

- 你在这些价值观、希望和梦想方面所拥有的生活知识以及采取的行动。

这样写会容易一些，是吧？以上主题帮助我们组织我们的自我身份。

至此，你已经研究了一些最重要的价值观和人生意义的来源，以及那些可能塑造或维持着你的使命感的组织。

现在想象一下，将来有人会写你的传记。书名将是你的名字，你必须选择副标题，用一个短语或几个词来总结你的人生目的。例如，《华特·迪士尼的故事：神奇世界的创造者》《居里夫人：改变科学进程的女人》或《特蕾莎修女：她的生活和启示》。

"'我是谁'源于我们的经验和与他人的互动。"

6.10 练习：你的传记书名

请在你的传记封面上写下书名。

目标

目标（goal）和目的（purpose）有什么不同吗？麦克奈特和卡什丹（2009）解释说，目标比目的更具体。目的是一个更大的结构，也许更抽象，它激励人们设立并规划目标。例如，如果你的目的是要拯救地球上的珊瑚礁，你需要制定具体的目标来实现这一目的。你可能会设定目标来识别世界上最脆弱的一些珊瑚礁，决定你可以对哪些珊瑚礁产生直接的影响，你计划联系库斯托基金会（Cousteau Foundation）申请研究经费，写信给你们国家的环保部，召集一批志愿者去小学对孩子们进行有关海洋环境的教育，与世界潜水协会（World Scuba Diving Association）建立联盟，以限制在某些珊瑚礁区潜水，等等。**目标是切实可行的步骤，可引导你实现你的目的**。

目标的设定和实现是积极心理学研究中最令人兴奋的领域之一，因为它们是幸福的重要组成部分。一些学者研究人们如何确立目标以及什么可以帮助他们实现这些目标，其中包括马里兰大学的埃德温·洛克（Edwin Locke）和多伦多大学的加里·莱瑟姆（Gary Latham）。这两位学者的研究表明，下列条件将使我们更有可能达到目标（Locke & Latham，1990）。

1. 目标是有挑战性的。如果我们有完成任务所需的技能和知识，会更愿意将一个较困难的而非简单的任务作为目标。例如，如果我们喜欢跑步，在春季的比赛中，我们会设置 10 000 米为目标，而不是 5 000 米。

2．**目标是具体的**。对我们想要实现的目标设置一个清晰和具体的定义是很重要的，这个目标要可以观察和测量。说你将"尽你所能"是不具体的，相反，如果你说"我将增加 10% 的销售额"或"我将每周去健身房锻炼 4 次，每次 1 小时"，那么你设置的目标就是明确而客观的。

3．**能够获得反馈**。在"投入"和"福流"的那一周，我们谈到了反馈的重要性。还记得吗？如果活动给我们提供反馈，我们更有可能获得福流的体验。洛克和莱瑟姆发现，反馈对目标也一样重要。为了衡量我们走向目标的进程，我们需要知道自己做得怎么样、我们已经做到的那部分结果是否与目标是一致的。例如，如果你正在为 10 000 米的比赛训练，你可能会开始做短程训练、记下每一次的时间并评估每次跑完后的疲劳程度。当你发现跑了 5 000 米而没有累趴下，下周就可以尝试 6 000 米。如果你想减肥，那么定期称体重是重要的。做学生的都知道，一门课分几次评估比只根据一次期末考试来决定成绩要好得多。

4. **作出承诺并坚持**。如果我们想实现一个目标，我们需要下定决心并坚持下去。一般来说，我们更可能致力于那些对我们自己（内在）很重要，而不只是对他人很重要的目标。

洛克和莱瑟姆强调，实现目标没有任何捷径，人们需要为之努力。我们的价值观和目标激励我们并使我们采取行动。洛克还发现，恐惧是实现目标的一个主要障碍：害怕改变、害怕失败、害怕犯错误。重要的是，不要让这些恐惧阻碍我们争取我们所珍视的东西（Locke & Latham，1990；Miller & Frisch，2009）。同样，安吉拉·达克沃斯（Angela Duckworth）和塞利格曼也研究了成功人士与那些天分相似但成就较少的人的区别。他们发现，关键在于"坚毅力"（grit），即一种坚忍、勤奋、充满激情以及遇到困难时不屈不挠的综合能力（Miller & Frisch，2009；Duckworth & Seligman，2005）。

"目标是切实可行的步骤，可引导你实现你的目的。"

6.11 练习：你的"人生目标清单" ●

为了激励自己，也为了不留遗憾，大家可以做一个引人深思且有趣的练习，那就是写出一个"我们此生要做的100件事"的清单。

请列出自己在离开人世前要体验和完成的100件事。完成清单后，请经常检视它们，把已经实现的目标一个一个打钩，并回味自己的体验。

● 改编自卡罗琳·米勒的研究。

6.12 思考

- 对你来说，想出 100 个目标是什么感觉?

- 有感到意外的事吗?

- 有打动你的事吗?

- 你看到你的目标、你的价值观、你的目的之间的模式或联系了吗?

米勒和弗里希（2009）说，如果人们把目标写下来而不只是想一想或谈论它，他们实现目标的概率会更高。也有证据表明，如果我们需要对别人负责，那实现目标的可能性更大，例如，承诺与朋友一起锻炼，而不是自己独自完成，会更有助于达成锻炼目标。在《创建你最好的生活》一书中，米勒和弗里希请我们写下我们的目标，并问自己下列问题：

- 这个目标是具体和可测量的吗？

- 它具有挑战性吗？

- 它是否与对我来说很重要的价值观相关？

- 实现这一目标的步骤是什么？

- 我可能会遇到什么障碍以及我将如何克服它们？

- 怎样才能提高我的热情和动机？

- 我将如何知道我正在取得进步？中期目标是什么？

- 我将对谁负责？为实现这一目标，谁将是我的团队成员？

实现目标的另一个重要因素是自我决定（self-determination）。卡什丹和麦克奈特（2006）指出，有研究显示，当人们的行为是自我决定的（即是自我选择的，且与本人的喜好和价值观相一致）时，他们会在实现目标方面取得更大的进步，并表现出更佳的心理健康水平和灵活性。

爱德华·德西（Edward Deci）和理查德·莱恩（Richard Ryan）发现，自主设定的目标能提升自主性、培养胜任感，并有助于我们与他人建立联系。

成就

塞利格曼博士在他的幸福理论中加上了"成就"（accomplishment）。早些时候，在《真实的幸福》（*Authentic Happiness*）一书中，他提出了幸福的三大支柱：愉快的生活（体验快乐和积极的情绪）、投入的生活（有福流体验和运用个人优势）和有意义的生活（超越感或与比自己宏大的事物相关）。他后来把"人际关系"补充为另一个关键因素。在他的另外一本书《持续的幸福》中，塞利格曼回忆说，多亏了他的MAPP[1] 学生塞尼亚·梅敏（Senia Maymin）向他提出的问题，他开始相信，人们追求成就和成功，有时与它们是否给生活带来快乐或意义无关，大多数时候，成就像幸福的其他元素一样，是彼此交织在一起的（Seligman，2011）。

例如，一个想要赢得世界杯的足球运动员，在集训和冠军联赛上可能需要极其投入。他可能会和他的队友建立很重要的关系，甚至可能决定把代言收入的一部分捐赠给慈善机构。但成就（掌握一项活动，如进

---

[1] 应用积极心理学硕士。

球或者带球穿过球场）本身就是一个重要的动机。

关于成就的一个最有趣的研究发现是，我们为完成某件事情所付出的努力以及为完成一项任务或培养一项技能所投入的时间，也许是成功最重要的预测因素。坚持不懈并奉献时间和精力，取决于我们的意愿、自控力和坚毅力。这些都具有可塑性，所以我们可以培养这些品质（Seligman，2011）。

"成就本身就是一个重要的动机。"

6.13 练习：你的成就的故事 ❶

下面是一个练习，可用于探索你的一些最重要的成就。

● 想一想你在生活中有极大成就感的时候。当你把某事做得非常好，感觉已经完成了一件对自己来说很重要的事情的时候，这些事可以是别人也认可的成就，或者只是对你来说代表一种成就感。审视一下你生活的各个领域：学校、工作、家庭、社区。你可以回到你的童年时期、青少年时期，一直到现在。重要的是要用具体的术语来描述你的成就故事。例如，"我在高中的最后一年"太含糊，"在高中毕业那年，我组织了艺术博览会"更确切；"我的婚姻"未免过于宽泛，但"3 年来我每天打 2 份工，支持我的配偶去读研"就给出了更具体的记述。这个练习通常需要几天。请把你记得的东西写下来（或录下来）。

1. 写下至少 10 种自己的成功经历。

---

❶ 改编自凯特·温德顿（Kate Wendleton, 1999）的"7 个故事的练习"（The 7 Stories Exercise）。

2. 现在请选择 5 种经历，尽可能详细地描述它们。你究竟做了些什么？你是怎么做准备的？它需要你的什么优势和技能？你投入了多少努力？它与你的价值观有关吗？它是否与你的希望和目的相符？为什么它对你来说是一个重要的成就？

6.14 思考

对你来说，回忆和描述重要成就的过程，让你有怎样的感受？

这就把我们带到了本书的最后一部分：自豪与致谢。"proud"这个词可以有不同的含义。我们可以用它来指一个人"骄傲"，不愿意承认自己犯了错误，或者不肯原谅别人。但它也可以指"自豪"，即当我们付出了很多努力而达到了一个目标后的感受。当我们看到别人实现自己的梦想或展示他们的优势时，我们也会为他人感到骄傲或自豪。

弗雷德里克森的研究发现，自豪实际上是积极的情感之一，有助于我们的幸福，尤其是当它与一定的谦逊相结合时。当我们觉得自己与一件好的事情有关时，当我们完成某事的技能和努力得到认可时，我们会感到自豪。弗雷德里克森说，感到自豪能够帮助我们拓宽视野以及想象一下我们还能做什么。"一事成功百事顺"，如果我们在某些方面成功了，我们会被激励着去面对更大的挑战。有研究表明，当人们感到自豪时，他们不会轻易放弃，面对挑战时仍能坚持。

至此，我们相伴学习的 6 周将要结束，我想用致谢的练习来收尾。在叙事实践中，重要的是认识到"另类的故事"，让它们变得更强大，并撰写见证一个人生命的重要发展的文档（White & Epston, 1990）。

不久前，一位叫奥尔加的女士来找我咨询。我们有一个合作团队，我跟奥尔加每次面谈结束后，团队成员将分享他们对我们谈话的反应。8 次面谈结束后，我们给奥尔加颁发了一个奖状，我们团队的每个人都写了对她的看法。大家提到她的智慧、幽默、坚毅、她对孩子的爱以及她的适应能力。一个人写道"她像凤凰鸟"，因为她克服了生活中重大的不幸。半年后，我的一个同事采访了奥尔加，奥尔加告诉我们，有时候她会拿起这个奖状再读一遍。"为什么？"我的同事问。奥尔加说："因为它让我想起我是谁。"

当你阅读这本书和做练习时，关于你是谁，你学到了什么？记住了什么？你的自我的哪些方面希望每隔一段时间就被提起呢？

请花一些时间复习一下你在过去 6 周内所做的所有事情。你最喜欢哪些内容？是什么让你思考得最多？你觉得对自己的描述变得更丰富或"厚实"了吗？关于偏好自我，你有什么新的想法吗？

"当人们感到自豪时，他们不会轻易放弃，面对挑战时仍能坚持。"

6.15 练习：你的奖状

请你填写这张奖状。把它颁发给自己，以表彰你的一些技能、特长、价值观和梦想。

奖　状

这份奖状被授予

_____

用于表彰

这些让他（她）加深了对自己的了解

日期 _____　地点 _____

请你保存好这张奖状及你做的所有练习，以此提醒你，成为那个最佳版本的自己！

感谢你所有的努力，向你致以最美好的祝愿！

第 6 周的对话练习

请与一位朋友或对话伙伴一起，谈谈你 6 周以来使用本手册的感受。哪些方面让你印象深刻？哪些内容让你十分感兴趣？你觉得在学习和练习的过程中，你对自我的认识变得更丰富了吗？你更加接近于你的"偏好自我"了吗？

参考文献

Baumeister, R., & Vohs, K. (2005). *The pursuit of meaningfulness in life.* In C. Snyder, & S. J. Lopez, Handbook of Positive Psychology (pp. 608-618). New York: Oxford University Press.

Deci, E. I., & Ryan, R. M. (2000). Self-determination theory and the facilitation of intrinsic motivation, social development and well-being. *American Psychologist, 55*(1), 68-78.

Duckworth, A., & Seligman, M. (2005). Self-discipline outdoes IQ in predicting academic performance of adolescents. *Psychological Science, 16*, 939-944.

Emmons, R. (2003). *Personal goals, life meaning, and virtue: Wellsprings of a positive life.* In C. K. (Ed.), Flourishing the positive person and the good life. (pp. 105-128). Washington, DC: American Psychological Association.

Fredrickson, B. (2009). *Positivity: Groundbreaking research reveals how to embrace the hidden strength of positive emotions, overcome negativity, and thrive.* New York: Crown.

Kashdan, T., & McKnight, P. (2009). Origins of purpose in life: Refining our understanding of a life well lived. *Psychological Topics, 18,* [Special Issue on Positive Psychology],303-316.

Locke, E., & Latham, G. (1990). *A Theory of goal setting and task performance.* Englewood Cliffs, NJ: Prentice Hall.

Miller, C. A., & Frisch, M. B. (2009). *Creating your best life: The ultimate life list guide.* New York: Sterling.

Niemeyer, R., & Mahoney, J. (1995). *Constructivism in psychology.* Washington, DC: APA.

Roth, S., & Epston, D. (1996). *Consulting the problem about the problematic relationship: An exercise for experiencing a relationship with an externalized problem.* In M. Hoyt, Constructive Therapies vol. II,. New York: Guilford.

Schwartz, S. (1994). Are there universal aspects in the structure and contents of human values? *Journal of Social Issues, 50,* 19-45.

Seligman, M. E. (2002). *Authentic happiness: using the new positive psychology to realize your potential for lasting fulfillment.* New fork: Free tress.

Seligman, M. E. (2011). *Flourish: A visionary new understanding of happiness and well-being.* New York, NY: Free Press.

Steger, M. (2009). *Meaning in life.* In S. Lopez, & C. Sneyder, Oxford Handbook of Positive Psychology, Second Edition (pp. 679-687). New York: Oxford University Press.

Wendleton, K. (1999). *Building a great resume.* New York: Career Press.

White, M. (2004). *Narrative practice and exotic lives: Resurrecting diversity in everyday life.* Adelaide, South Australia: Dulwich Centre Publications.

White, M., & Epston, D. (1990). *Narrative means to therapeutic ends (1 ed.).* New York: W. W. Norton & Company.

内 容 提 要

本书从叙事疗法和心理干预的角度，提出了"版本"的概念——自我不是只有一个，而是有多个版本，因此，我们可以作出选择，来解读、表现或发展自己的不同方面。本书是一份请帖，邀请你来探讨不同版本的自己，选择更接近于你的梦想、价值和承诺的"最佳版本"。本书融合了积极心理学与叙事实践的丰富知识，为积极自我的塑造提供了可行的理论与建议。

图书在版编目（CIP）数据

积极的自我：在叙事与幸福科学里成为最好的自己 / （美）玛格丽塔·塔拉戈娜著；安妮译 . -- 北京：中国纺织出版社有限公司，2024.1

（积极心理干预书系 / 安妮主编）

书名原文：Positive Identities: Narrative Practices and Postive Psychology

ISBN 978-7-5180-9561-2

Ⅰ.①积…　Ⅱ.①玛…　②安…　Ⅲ.①自我控制－通俗读物　Ⅳ.①B842.6-49

中国版本图书馆CIP 数据核字（2022）第092412 号

责任编辑：关雪菁　朱安润　　　责任校对：高　涵
责任印制：王艳丽

中国纺织出版社有限公司出版发行
地址：北京市朝阳区百子湾东里 A407 号楼　邮政编码：100124
销售电话：010—67004422　传真：010—87155801
http://www.c-textilep.com
中国纺织出版社天猫旗舰店
官方微博 http://weibo.com/2119887771
北京华联印刷有限公司印刷　各地新华书店经销
2024 年 1 月第 1 版第 1 次印刷
开本：710×1000　1/16　印张：15.75
字数：132 千字　定价：65.80 元

凡购本书，如有缺页、倒页、脱页，由本社图书营销中心调换